避暑山莊
園林藝術

孟兆禎 著

中國建築工業出版社

目录

引言

中国文化有四绝之说，即山水画、烹调、园林和京剧。我国文化精萃虽不仅此，但这四门艺术的感染力却是被实践所证明的。从事园林工作的人总是有感于传统园林艺术的巨大魅力，但长时期又为找不到相应的理论书籍而作难。明代郑元勋为园林名著《园冶》的题词一开始就说："古人百艺，皆传之于书，独无造园者何？曰：园有异宜，无成法，不可得而传也。"阚铎在《园冶·识语》中说："盖营造之事，法式并重，掇山有法无式，初非盖阙，掇山理石，因地制宜，固不可执定镜以求西子也。"实际上，成功的造园实践必有科学的理论为指导，而且还必须具备巧妙的方法、手法才能创作出"景"的形象，亦即具体的"式"。清《苦瓜和尚画语录》开篇就阐述："太古无法，太朴不散。太朴一散而法立矣。法于何立，立于一画。一画者众有之本，万象之根。见用于神，藏用于人，而世人不知所以，一画之法乃自我立。立一画之法者，盖以无法生有法，以有法贯众法也。夫画者从于心者也，山川人物之秀错、鸟兽草木之性情、池榭楼台之矩度，未能深入其理，曲尽其态，终未得一画之洪规也。"我们要深悟园林之洪规，随时代之演进，不研讨园林艺术创作的理法是难以掌握要领的。因此，中国园林艺术创作必有其理、法、式可寻。在此，"理"为反映事物的特殊规律的基本理论；"法"为带规范性的意匠或手法；"式"为具体的式样或格式。所谓"园有异宜，无成法，不可得而传"，虽有些道理，但《园冶》之问世已说明"可得而传"，而掇山之

《避暑山庄图》（现藏于北京故宫博物院）

"有法无式"实为"有成法，无定式"。明代文震亨著《长物志》、清代李渔著《闲情偶寄》等都涉及园林理法。现在的问题在于如何联系园林艺术实践来进一步理解这些传统的理论，使之系统化、科学化，以求在继承的基础上发展和创新。

承德避暑山庄是博得中外园林专家和游人一致赞赏的古典园林。作为现存的帝王宫苑，它不仅规模最大，而且独具一格，其林泉野致使人流连忘返、回味无穷。新中国成立后经过几十年的修缮和重建，湖区大部分景点已恢复起来。山区被毁的景点，由于有遗址和资料可寻，亦不难复原。山庄创作之成功必然也包含着许多园林艺术的至理和手法。探索和分析这些理法，不仅有助于"振兴避暑山庄"之大业，而且对其他的园林建设，乃至风景区的建设都会有可借鉴之处，使得避暑山庄之园林艺术有理可据，有法可循，有式可参。以此巩固学习所得，并求教于众。

第一章 避暑山庄的兴建

中国园林早在殷周已出现雏形。秦汉以来，出现宫殿和园林相互结合的离宫别苑。唐宋时形成将诗情画意写入园林的自然山水园。经过明清两代的发展，中国园林已形成独立的体系。

中国古典的风景园林可分为自然风景区、皇家园林、私家园林、园林寺庙等类型。就地方风格而言，可归纳为南、北两方。北方帝王宫苑成为皇家园林的代表，江南私家园林则为私家宅园的代表。除此之外，尚有岭南等具有地方风格的园林。纵观中国园林的发展，清代康、乾盛世是古代兴建园林的最后一个高潮。避暑山庄的兴建，又是最后高潮中的顶峰，成为北方帝王宫苑中规模最大、兴建时间最长、最富于山林野趣的一所山水宫苑。

一般的城市山林多是先有城市后建园林，唯有承德这座城市，可以说是先有山林而后建城市。避暑山庄并不是城市山林，承德倒是山林城市。就连承德市的名称也是伴随山庄的建设而产生的。承德原称热河。因武烈河汇集了几处温泉流经此地，河水经冬不冻，古代便有热河之称，康熙在这里开拓了避暑山庄以后，雍正为了表示对皇父的尊敬和感谢上辈恩德，于雍正十一年（1733年）将热河改称承德，并设承德州。在这片土地上，虽然早在新石器时代就有原始人的活动，但截至山庄兴建以前，这里还是一片未经开发的风水宝地，不过是一些蒙古族牧民放牧、营生之所，仅有几十户人家的村落。山庄的兴建使得这里的风景资源得到了很好的开发。

清代之初，虽有建造避暑行宫的设想，但由于当时财力不足，只好在北京沿用前代遗留下来的宫苑暂作避暑游览的行宫。随着安邦定国后经济建设的发展，有了财力条件以后，康熙首先在北京西郊一带营建行宫。他两巡江南以后，深为江南水乡的景色所吸引，更加促进了他要兴建"北国江南"山水宫苑的念头。海淀北面的畅春园便是清代兴建的第一所山水宫苑，约建成于康熙二十九年（1690 年）。可惜此园除留下两个寺庙的山门以外，已荡然无存了。

清代在北京兴建的第二所大型山水宫苑是圆明三园。雍正即位后，于雍正三年（1725 年）把康熙给他的赐园扩建为自己的离宫。再经乾隆扩建，于乾隆三十七年（1772 年）建成圆明三园，即圆明园、长春园、绮春园（后改称万春园）。颐和园的前身为乾隆十四年（1749 年）兴建的清漪园，当时作为圆明园的属园。

避暑山庄的兴建是和圆明园穿插进行的，始建时间早于圆明园，而建成时间晚于圆明三园。由于北京的宫苑尚不能满足封建帝王的享乐欲望，康熙于康熙四十二年（1703 年）开始在热河兴建避暑山庄，至乾隆五十五年（1790 年）基本完成，总共兴建了87 年。避暑山庄这个名称是康熙于康熙四十七年（1708 年）初步完成首期建设后题定的。

在兴建避暑山庄的前后，自北京至山庄以北的木兰围场一带，沿御道兴建了约 20 处行宫，山庄则处于众行宫之首的地位。建成后的避暑山庄占地面积约 560 公顷，环绕山庄的宫墙长约 20 华里（10 公里），共有 6 座宫门。自正中的丽正门循时针方向推移，先后有碧峰门、西北门、惠迪吉门、流杯亭门和德汇门。在560 公顷总用地面积中，山区面积约为 430 公顷，占用地总面积的 77% 左右；湖区面积为 80 公顷，占总面积的 14%；平原区为50 公顷，占 9%。山庄北面的外八庙呈众星拱月之势，向山庄奔趋。

山庄周围还有双塔山、朝阳洞、元宝山等多处风景点。

避暑山庄号称有七十二景,这便是康熙题的三十六景和乾隆题的三十六景。如果按风景价值而言,山庄远不止七十二景,而且个别称为景的也不见得是好景。所谓景,主要取决于皇帝的题额。康熙于1711年首成避暑山庄三十六景,景名皆四字,并作序、赋诗、绘画成为《御制避暑山庄记》。其时乾隆刚出生。这三十六景是:

① 烟波致爽 · ② 芝径云堤 · ③ 无暑清凉

④ 延熏山馆 · ⑤ 水芳岩秀 · ⑥ 万壑松风

⑦ 松鹤清樾 · ⑧ 云山胜地 · ⑨ 四面云山

⑩ 北枕双峰 · ⑪ 西岭晨霞 · ⑫ 锤峰落照

⑬ 南山积雪 · ⑭ 梨花伴月 · ⑮ 曲水荷香

⑯ 风泉清听 · ⑰ 濠濮间想 · ⑱ 天宇咸畅

⑲ 暖流暄波 · ⑳ 泉源石壁 · ㉑ 青枫绿屿

㉒ 莺啭乔木 · ㉓ 香远益清 · ㉔ 金莲映日

㉕ 远近泉声 · ㉖ 云帆月舫 · ㉗ 芳渚临流

㉘ 云容水态 · ㉙ 澄泉绕石 · ㉚ 澄波叠翠

㉛ 石矶观鱼 · ㉜ 镜水云岑 · ㉝ 双湖夹镜

㉞ 长虹饮练 · ㉟ 甫田丛樾 · ㊱ 水流云在

乾隆在他祖父康熙建庄的基础上又有发展。康熙所题的景并不止三十六景。乾隆便将康熙曾题额而未入图的景加以发挥，于1754年又增赋了三十六景，并于1782年写了《御制避暑山庄后序》。用乾隆的话来讲，后增赋的三十六景"总弗出皇祖归定之范围"。乾隆三十六景以三字为名，以示区别：

① 丽正门 ·　② 勤政殿 ·　③ 松鹤斋

④ 如意湖 ·　⑤ 青雀舫 ·　⑥ 绮望楼

⑦ 驯鹿坡 ·　⑧ 水心榭 ·　⑨ 颐志堂

⑩ 畅远台 ·　⑪ 静好堂 ·　⑫ 冷香亭

⑬ 采菱渡 ·　⑭ 观莲所 ·　⑮ 清晖亭

⑯ 般若相 ·　⑰ 沧浪屿 ·　⑱ 一片云

⑲ 萍香沜 ·　⑳ 万树园 ·　㉑ 试马埭

㉒ 嘉树轩 ·　㉓ 乐成阁 ·　㉔ 宿云檐

㉕ 澄观斋 ·　㉖ 翠云岩 ·　㉗ 罨画窗

㉘ 凌太虚 ·　㉙ 千尺雪 ·　㉚ 宁静斋

㉛ 玉琴轩 ·　㉜ 临芳墅 ·　㉝ 知鱼矶

㉞ 涌翠岩 ·　㉟ 素尚斋 ·　㊱ 永恬居

此后，乾隆又继续兴建山庄风景点，如创得斋、戒得堂等，修建了不下数十处。虽然也有题咏，但由于作为孙辈的乾隆不便超越祖制，因此在景的数量上仍称三十六景。实际上象湖区的烟雨楼、山区与平原区交界处的文津阁、山区的山近轩、碧静堂、玉岑精舍、秀起堂、静含太古山房、食蔗居，以及乾隆扩展湖区所建文园狮子林等，都是各具性格的风景点。其风景价值远远超过七十二景中的某些景，却未被纳入名景。仅就文园狮子林而论，其中又有十六景之胜，可谓"园中有园，景中有景"。

第二章　　避暑山庄的园林艺术

继承传统，发展国能

我国向有"书画同源"之说。作为蕴含诗情画意的中国园林，自然也是一脉相承。园林虽有私家园林、帝王宫苑、园林寺庙等类型之分，但各类园林都有一种中国味儿。我国园林艺术的民族风格自夏商周三代之"囿"产生以来，加之在魏晋南北朝山水、田园诗和山水画相继产生乃至道学流行等综合影响的推动下，逐步形成了"自然山水园"的统一风格。这是在特定的历史条件下客观形成的。漫长的中国封建社会虽经朝代更替，但不论汉族或其他少数民族，各族的封建统治者都极力遵循统一的中华民族园林风格并加以丰富和发展。金灭宋，而所建琼华岛（今北京北海）有仿北宋汴京（今河南开封）艮岳之意。满清推翻明朝，依然崇尚民族传统的宫苑建制。直到现在，这条民族文化艺术长河还在推波向前，并将川流不息。

中国园林艺术这种精神不仅可以感受，也可言传大意。微妙之处则由各人意会，给欣赏者以发挥遐想的余地。首先，中国园林所追求的艺术境界和总的准则是"虽由人作，宛自天开"。这是搞园林的人熟知的一句话，也是中国园林接受中国文学艺术和绘画艺术普遍规律的影响所反映的特殊属性。如何正确处理"人作"和"天开"的辩证关系呢？并不是越自然越好，甚至走向纯任自然的歧途，而是以人工干预自然，主宰自然。除了安置方便人们游息的生活设施外，更重要的是赋于景物以人的理想和情感，以情驭景，使之具有情景交融、感人的艺术效果。人的美感总是归结在情感上，任何单纯的景物，再好也不过是景物本身。而寓情于景以后，景物就不再仅是景物本身，而是倾注了理想人品的人化风景艺术了。我们的祖先以此欣赏风景名胜的自然美，同样也用以创作园林，把自然美加工成为艺术美。日本大村西崖的《东洋美术小史》谓流传到日本的《园冶》有"刘照刻'夺天工'三字"。人力何以夺天工呢？就是人化的自然风景比朴素的自然更为理想。中国园林"以景写情"正是中国绘画"以形写神"的画理用于园林的反映；"有真为假，做假成真"的造园理论亦即画理所谓"贵在似与不似之间"的同意语。因此，中国园林具有净化、美化环境和美化心灵的双重功能，用活生生的景物比兴手法激发游人的游兴。

中国园林不仅有高度的艺术境界，而且在长期实践中形成了一套园林艺术创作的序列。总是先有建园的目的或宗旨，再通过"相地立意"把建园的宗旨变为再具体一些的构思或塑造意图，草拟"景题"和抒发景题的"意境"。以上的环节基本上是属于精神范畴的。有了这种精神的依据便通过"意匠"即造园手法和手段树立景物形象，使园林创作从精神化为物质，从抽象到具体。这个创作上的飞跃是很难的，往往是有了具体的"景象"以后，再在原草拟景题和意境的基础上即兴题景和题咏，并作成"额题""景联"或"摩崖石刻"等。游人既至，见景生情。如果创作成功的话，游人和作者之间便通过景物产生心灵上的共鸣，引起游人在情感上的美感，从而形成景趣。游人亦可借景自由地抒发各自的心情，寻求不尽的弦外之音，不断丰富和发展园景的内容和景象，从不够完美到尽可能地完美。名园得名必须是广泛认可的，否则难以永存。

避暑山庄的主人深谙我国园林传统，而且在继承传统的同时着眼于创造山庄艺术特色，在创新和发展传统方面作出了贡献，这完全符合当时的时代要求。山庄的特色何在呢？若说规模宏大，山庄并不比圆明三园大多少。论模拟江南园林风光，颐和园、圆明园何尝不是北国江南？这些并不是山庄独一无二的特色。山庄的特色在于"朴野"，就是那种城市里最难享受到的山野远村的情调和漠北山寨的乡土气息，包括山、水、石、林、泉和野生动物在内的综合自然生态环境。目前，在山庄的山区里还保存着一座石碑，上面刻有乾隆所书《山中》诗一首：

山中秋信来得真，树张清阴风爽神。
鸟似有情依客语，鹿知无害向人亲。
随缘遇处皆成趣，触绪拈时总绝尘。
自谓胜他唐宋者，六家咏未入诗醇。

"鸟依客语""鹿向人亲"写出了山庄野趣，说明园主以山庄之野色自豪，但也是有所本的创造。唐宋以降，清避暑山庄之兴建可谓达到古典园林的一个高峰。

这所宫苑，始建于康熙四十二年（1703 年），直到康熙四十七年（1708 年）初具规模后才定名为"避暑山庄"，并由康熙亲书额题。这样名副其实以山为宫、以庄为苑的设想和做法并不多见。作为帝王宫苑，圆明园不愧为"园中有园"的巨作。但就其园林地形塑造而言，无非是在平地上挖湖堆山，把原有"丹陵沜"改造成为有山有水的园林空间，终究难得山水之真意。颐和园虽有真山的基础，但由于瓮山（今万寿山）山形平滞，走向单调，具"高远"和"平远"而缺少"深远"，这才在前山运用布置金碧辉煌的园林建筑来增加层次和深远感；在后山开后溪河以发挥东西纵长的深远。唯独避暑山庄据有得天独厚的自然环境，可以说是于风景名胜中妆点园林。主持工程的人又充分利用了地宜，确定了鉴奢尚朴、宁拙舍巧，以人为之美入天然，以清幽之趣药浓丽的原则和澹泊、素雅、朴茂、野奇的格调，更加突出了山庄风景的特色，远到今日，历经几次浩劫以后，仍给人以入山听鸟喧、临水赏鹿饮的野景享受，可以想见当年生态平衡未遭破坏时园中野致之一斑。

避暑山庄遵循哪些园林艺术理法才获得继承传统和创造特色的成就呢？以下试作一些浅陋的分析。

二 有的建庄，托景言志

　　我们大多认为"山庄学"是综合的学问，这反映当初康熙是本着综合的目的兴建山庄的。无论从当时的历史背景或山庄活动的内容和设施来看，山庄确有"怀柔、肄武、会嘉宾"等方面的政治目的，一举而兼得"柔远"与"宁迩"。与此相联系的，山庄的地理位置又有"北压蒙古，右引回部，左通辽沈，南制天下"的军事意义。就其中活动而言，除了日常理政和接见、赏赐和赏宴外，还有祭祀、狩猎、观射和阅马戏、观剧和游息等。问题是在众多的综合目的中，以何为主？有的学者认为肄武练兵、保卫边防是兴造山庄的主要目的，强调造山庄最重要的原因还在于更高的政治方面的考虑，其次才是避暑和游览。也有人认为中国一般的古典园林为的是赏心悦目，但山庄却不然。诚然，在阶级社会中，任何统治阶级所从事的一切活动都必须强调为本阶级的政治服务，但作为一所宫苑，它在主要功能方面较之故宫那样单纯的皇宫总是有区别的。康熙经过始建后5年的酝酿才定名为"避暑山庄"，可以准确而形象地概括园主兴建山庄的主要目的，即合宫、苑为一体，追求山间野筑那种"想得山庄长夏里，石床眠看度墙云"（明代祝允明《寄谢雍》）的诗意和似庶如仙的生活情趣。这说明"宫"是理政的，"苑"也是为政治服务的，与其分割为两种功能，不如视为对立统一的双重功能。这正是山庄不同于故宫的关键。

帝王追求野致的精神享受，一方面反映人类渴望自然的普遍性，同时也突出反映帝王向往野致的迫切性。原始社会的人生活在大自然的原野中，就好比"身在福中不知福"。随着生产力的发展，人类逐渐从野到文，脱离自然环境而建设起村镇和城市。人们在改善物质生活条件的同时就开始失掉了自然环境，这才促进了风景名胜和园林的产生。随着城市工业化的发展，生活环境遭到严重污染，环境保护和发展旅游事业就进一步提上日程。人们乐于郊游或远游原野，这便是人类由野到文，从文返野的螺旋上升的发展过程。清代李渔在《闲情偶寄》中也论证过这个道理："幽斋磊石，原非得已。不能致身岩下与木石居，故以一卷代山，一勺代水，所谓无聊之极思也。"意即以山水为人们精神的一种依托。帝王就这一点来看，还不如一般庶民自在。禁宫有若樊笼，因此更迫切地要求享受自然的野趣。夏商周三代帝王以围游为主，人工筑台掘沼，显然是自然景物比重大于人工。秦汉宫殿虽也有山水景色，却转而着重在建筑的人工美方面发展。唐宋以降，则盛行宫苑，或宫中有苑，或苑中有宫，着眼于自然与人工的结合。唐懿宗便"于苑中取石造山，并取终南草木植之，山禽野兽纵其往来，复造屋如庶民。"又如隋唐之西苑（今洛阳西郊）和北宋汴京之寿山艮岳等，皆融人工美于自然。唐宋以后，以突出自然美为主的园林逐代相传。清则多采用宫苑合一制。

清代满族统治者来自关外，入京后不耐北京暑天之炎热，从顺治八年（1651年）开始，摄政王多尔衮就准备在喀喇和屯（承德市郊滦河公社）兴建避暑城，但未到建成他就去世了。满清皇族亦有到塞外消暑的活动。康熙年轻时就喜欢去塞外游猎和休息，从北京到围场先后营建了约20处行宫，终于确定在山庄大兴土木。康熙在《御制避暑山庄记》中宣称："一游一豫，罔非稼穑之休戚；

或旰或宵，不忘经史之安危。劝耕南亩，望丰稔筐筥之盈；茂止西成，乐时若雨旸之庆。此居避暑山庄之概也。"这位创山庄之业的康熙还在《芝径云堤》诗中说："边垣利刃岂可恃，荒淫无道有青史。知警知戒勉在兹，方能示众抚遐迩。虽无峻宇有云楼，登临不解几重愁。连岩绝涧四时景，怜我晚年宵旰忧。若使扶养留精力，同心治理再精求。气和重农紫宸志，烽火不烟亿万秋。"他还在《御制避暑山庄记》最后强调："至于玩芝则爱德行，睹松竹则思贞操，临清流则贵廉洁，览蔓草则贱贪秽，此亦古人因物而比兴，不可不知。人君之奉，取之于民，不爱者，即惑也。故书之于记，朝夕不改，敬诚在兹也。"继山庄之业的乾隆到老年时又作《御制避暑山庄后序》，戒己戒后："若夫崇山峻岭、水态林姿、鹤鹿之游、鸢鱼之乐，加之岩斋溪阁、芳草古木，物有天然之趣，人忘尘世之怀。较之汉唐离宫别苑，有过之无不及也。若耽此而忘一切，则予之所为膻乡山庄者，是设陷阱，而予为得罪祖宗之人矣。"以上摘引说明了执政和避暑游息之间的关系，把"扶养精力"和谋求江山亿万秋紧密地联系在一起，主张以游利政而唯恐玩景丧国。因此，政治和游息可以在对立统一中变化，玩物可丧志，托物可言志，事在人为，不一而论。避暑山庄兴造目的是在可以避暑、游览和生活的园林环境中"避喧听政"。山庄不仅是宫殿和古建筑，而是一所避暑的皇家园林，其主要成就在于创造了山水建筑浑然一体的园林艺术。康熙咏《无暑清凉》诗中所说"谷神不守还崇政，暂养回心山水庄"，应视为园主内心的真情话。

作为一所古典园林，山庄也是为了赏心悦目的，其不同于一般私家园林的是赏帝王之心，悦皇家之目；同样讲究因物比兴，托物言志，但是为一统天下的"紫宸志"。康熙和乾隆在寄志于景、以园言志方面是作了不少苦心经营的。不论园名、景名都有"问名心晓"之效，这也是地道的传统。帝王不同于下野还乡养老的官宦，更不同于怀才不遇的落魄文人，而是至高无上、雄心勃勃、标榜以仁。皇帝的经济地位决定了他的志向和感情。山庄的一般释义是山中的住所或别墅，如湖南衡山中有"南岳山庄"，但是皇家用山庄之名却可以山喻君王。这是基于孔子之《论语·雍也》有"知者乐水，仁者乐山。知者动，仁者静。知者乐，仁者寿"之说，大意是：聪明的人爱好水，仁爱的人喜爱山。聪明的人活跃，仁爱的人沉静。聪明的人快乐，仁爱的人长寿。儒家在两千多年前就把人品和自然山水联系在一起了，仁者比德于山。封建时代臣向君祝愿也以"山呼"相颂。按《大唐祀封禅颂》的描述："五色云起，拂马以随人。万岁山呼，从天至地。"因此"仁寿""万寿"都习为帝王专用的颂词。自北宋以来，几乎宫苑中之山都以万寿山为名。不仅颐和园的山称万寿山，北京北海的白塔山和景山也称为万寿山。避暑山庄之景，或显或隐，大多有这方面的寓意。例如如意洲上的"延薰山馆"。"延薰"除了一般理解为延薰风清暑外，更深一层的寓意就是"延仁风"。这与颐和园的"扬仁风"、北海的"延南薰"都是同义语。《礼乐记》载："昔者舜作五弦之琴以歌南风。"歌词是："南风之薰兮，可以解吾民之愠兮；南风之时兮，可以阜吾民之财兮。"迄后便成为仁君、仁风相传了。

古代的"封禅"活动也是借山岳行祭祀礼的。我国的"五岳"都和封禅活动息息相关。从有记载的史实看，自秦始皇朝东岳泰山后，七十二代帝王都因循此礼。这实际上是宣扬"君权天授"的思想。康熙常在避暑山庄金山岛祭天，于金山岛"上帝阁"举行祀真武大帝的祭祀活动，表示自己是上帝的子孙，并祈求上帝保佑风调雨顺、国泰民安，以这种活动巩固封建统治。因此这个岛上的另一建筑取名"天宇咸畅"，并列入康熙三十六景，意即天上人间都和畅。从另一方面看，帝王也唯恐这种享受遭人异议，甚至玩物丧志，故以"勤政"名殿。很有意思的是《御制避暑山庄记》中还有一方印章叫作"万几余暇"，这是帝王心理和制造舆论的流露。至于反映在总体布局和园林各景处理方面的托景言志，将志向假托于景物中，借景物抒发志向，以景寓政的反映就更多了，下文依创作序列逐一结合分析。

三　　　　　　　　　　相地求精，意在手先

（一）相地

山庄之设，在"相地""立意"方面是有所创造和发挥的。"相"是通过观察来测定事物的活动。建园意图既定，就要落实园址。"相地"这个造园术语包含两层内容：一是选址，二是因地制宜地构思、立意。我国园林哲师计成在《园冶》中对此作了精辟的、总结性的论述，他提出"相地合宜，构园得体"的理论，把相地看作园林成败的先决条件，还列举了各类型用地选择的要点。概括性强的理论难免有不够具体的一面，康熙却在吸取传统理论的基础上作了具体补充。

康熙选址的着眼点是多方面的，但主要的两个标准是环境卫生、清凉和风景自然优美。相传山庄这块地面原为辽代离宫，清初蒙古献出了这块宝地。如前所述，康熙从年轻时就和塞外这一带风光有接触。他曾说："朕少时始患头晕，渐觉清瘦。至秋，塞外行围。蒙古地方水土甚佳，精神日健。"康熙十六年（1677年），他首次北巡到喀喇和屯附近。康熙四十年（1701年）冬，他来到武烈河畔，领赏磬锤峰的奇观，为拟建的行宫进行实地勘察。又二年，他在已建成的喀喇和屯行宫举办了五十大寿的庆祝活动，并在穹览寺这座祝寿的所在立了这样的碑文："朕避暑出塞，因

土肥水甘，泉清峰秀，故驻跸于此，未尝不饮食倍加，精神爽健。"经过比较，最后才以建热河行宫作为众行宫之中枢。康熙为选避暑行宫，足迹几乎踏遍半个中国，他说："朕数巡江干，深知南方之秀丽；两幸秦陇，益明西土之殚陈；北过龙沙，东游长白，山川之雄，人物之外，亦不能尽述，皆吾之所不取。"他相地选址是先选"面"，再从"面"中选出最理想的"点"。当然只有皇帝才有这种条件，但也说明他本人卓有相地之见识。

他相地的方法是反复实地踏查，考察碑碣，访问村老，从感性向理性推进。他在《芝径云堤》诗中说："万几少暇出丹阙，乐水乐山好难歇。避暑漠北土脉肥，访问村老寻石碣。众云蒙古牧马场，并乏人家无枯骨，草木茂，绝蚊蝎，泉水佳，人少疾。"又说："热河地既高朗，气亦清朗，无蒙雾霾风。"这勾画出山庄当初一派生态平衡的环境卫生条件。据记载，当时山雨后，但闻潺潺径流声，地表不见水，也不泥鞋，整个山地都被一层很厚的腐叶层覆盖。山庄始建后第八年，热河地区人口增到十余万人。由于毁林垦田，森林植被遭到破坏，水土保持不复当初，山庄外围环境质量便有所下降了。山庄不仅有丰富的水源可保证生活和造景用水之需，而且水质上好。乾隆对我国南北名泉进行过比重分析，以单位体积内重量轻者为贵。他说："水以轻为贵，尝制银斗较之。玉泉（北京玉泉山趵突泉）水重一两。惟塞上伊逊水尚可相埒。济南珍珠、扬子中泠（镇江）皆较重二三厘；惠山（无锡）、虎跑（杭州）、平山堂（扬州）更重。轻于玉泉者惟雪水及荷露云。"雪水指木兰围场的雪水，荷露是避暑山庄荷叶上的露水，这当然是皇帝的奢求，但山庄泉水佳是公认的。"风泉清听"之泉水亦有"注瓶云母滑，漱齿茯苓香"之赞语。另外，"山塞万种树，就里老松佳"，说明松林多而长势茂盛。松脂所散发的芳香确有杀菌之效。

如果单纯是环境卫生也不足取，山庄更具有天生的形胜。其自然风景优美之素质又恰合于帝王之心理和意识形态的追求。揆叙等人在《恭注御制避暑山庄三十六景诗跋》中对踏察热河的原委有所说明："自京师东北行，群峰回合，清流萦绕。至热河而形势融结，蔚然深秀。古称西北山川多雄奇，东南多幽曲，兹地实兼美焉……"山庄这种地理形势现在即使乘火车前往也可以窥见一二。山庄要达到"合内外之心，成巩固之业"的政治目的，要符合"普天之下，莫非王土""四方朝揖，众象所归""恬天下之美，藏古今之胜"的心理，而"形势融结"这一点是最称上心的。从整个地形地势看，山庄居群山环抱之中，偎武烈河穿流之湄，是一块山区"丫"形河谷中崛起的一片山林地。《尔雅·释山》谓："大山宫，小山霍。""宫"即围绕、屏障；小山在中，大山在外围绕者叫霍。山庄兼有"宫""霍"之形胜。北有金山层峦叠翠作为天然屏障（明北京城造万岁山，即今景山，为皇城屏障），东有磬锤诸山毗邻相望，南可远舒僧冠诸峰交错南去，西有广仁岭耸峙。武烈河自东北折而南流，狮子沟在北缘横贯，二者贯穿东、北，从而使这块山林地有"独立端严"之感。众山周环又呈奔趋之势，朝向崛起的山地，有如众山辅弼拱揖于君王左右，并为日后建筑外八庙，使之与山庄有"众星拱月"之势创造了极优越的条件。大小峰岗朝揖于前，包含有"顺君"的意思。

形势融结的山水也是构成山庄有避暑小气候条件的主要原因。承德较北京稍北，夏季气温确有明显差别。物候期大致比北京晚一个多月。坐火车北上，一过古北口，窗风显著转为清凉。说承德无暑是夸大，但山庄的气温确实夏天热得晚，秋凉来得早，盛夏时每天热得晚，而傍晚转凉较早。如果傍晚从承德市区进丽正门，一下"云山胜地"北面的大坡，就会明显感到爽意。因为山庄北面、东面而南的河谷实际上是天然通风干道。西部山区几条山谷都自西北而东南，朝向湖区和平原区。这些顺风向的山谷不仅谷内凉爽，而且山谷风可把山林清凉新鲜的空气输送到湖区，驱使近地面的热空气上升排走，如同通风的支线，加上湖区水面的降温作用和山林植被的降温作用，所以有消暑的实效。1982 年 5 月我们选择了地面条件相近的点测了气温和相对湿度。测试时间虽不是盛夏，但可看出大致在每天气温最高的时段各点的差别不显著，而当傍晚时山庄内气温显著下降，尤以松云峡为最。负责测试火神庙（市区）的学生说测试时尚有微汗，而我们在"旷观"附近测绘时却是凉风习习，爽身忘返，难怪有"避暑沟"之称。两处相对湿度也有显著差别。

下表分别为 1982 年 5 月 20 日 15 时及 1982 年 5 月 24 日 20 时所测记录：

地点	温湿度		1982 年 5 月 20 日 15 时
秀起堂	气温	干球	32.6℃
		湿球	17.1℃
	相对湿度		37%
万壑松风	气温	干球	32.5℃
		湿球	17.1℃
	相对湿度		37%
市区 （火神庙）	气温	干球	33.6℃
		湿球	18℃
	相对湿度		37%

地点	温湿度		1982 年 5 月 24 日 20 时
松云峡东谷口	气温	干球	22.4℃
		湿球	17.2℃
（旷观）	相对湿度		65%
万壑松风	气温	干球	25.5℃
		湿球	18.4℃
	相对湿度		58%
市区	气温	干球	28.9℃
		湿球	19.1℃
（火神庙）	相对	湿度	48%

选山林地造避暑宫苑也有利于反映帝王统治天下的心理。《园冶》谓："园地惟山林最胜。有高有凹，有曲有深，有峻而悬，有平而坦，自成天然之趣，不烦人事之工。"山庄这块地正具有在有限面积中集中囊括了多种地形和地貌的优点。如何满足"移天缩地在君怀"的占有欲和统治欲呢？圆明园根据在平地挖湖堆山的条件，以"九州"寓意中国的版图。避暑山庄则有条件以高山、草原、河流、湖泊的地形地貌反映中国的大好河山。总的地势西北高、东南低，巍巍的高山雄踞于西，具有蒙古牧原的"试马埭"守北，具有江南秀色的湖区安排在东南，恰如中国版图的缩影。中国风景无数，这里却兼得北方雄奇和江南秀丽之美，外围环拱的山坡地又有发展的余地，这又为括天下之美、藏古今之胜提供了理想的坏模条件。武烈河绕于庄东，又可引河贯庄。加以山泉、热河泉的条件，致使茂树参天，招来百鸟声喧，群麋皆侣，鸢飞鱼跃，鹰翔鹤舞，构成好一幅天然图画。

在地形丰富的基础上又有奇峰异石作为因借的佳景。纳入北魏郦道元《水经注》的"石挺"（即磬锤峰，俗称棒锤山）孤峙无依，仿佛举笏来朝。棒锤山南又有蛤蟆石陪衬，成为"棒喝蛤蟆跑"的奇观。还有用热河温汤濯足的罗汉山，"垂臂于膝，大腹便便"。僧帽山则以其递层跌宕的挺拔轮廓构成南望的借景。山庄有这么丰富的借景，实为不可多得的风景资源。

带着建避暑行宫的预想，再纵观这片神皋奥区，初步的规划设想也就油然而生了。北面和东面，自有沟、河为界。宫殿可设于南端平岗上，既取坐北朝南之向，又可据岗临下；大面积山林和平原则是巨幅添绘好图画的长卷，康、乾数巡江南的见识便大有施展之地了。

应该指出，帝王所追求的"野致"也不是荒野无度的，比山庄更野的地方有的是，难得的是"道近神京，往还无过两日"的交通条件和易于设防的保卫条件。这些都是不可忽略的选址条件。

（二）立意

相地和立意是互有渗透的两个环节。立意指的是总的意图，相当于今天我们所谓规划设计思想和原则。山庄用以体现建庄目的、指导兴建构思的原则包括以下几方面。

1. 静观万物，俯察庶类

这显然是指最高统治者的思想境界和心情。标榜帝王扇被恩风，重农爱民，这反映在山庄许多风景的意境中。如山庄西南山区鹭云寺侧有"静含太古山房"，意含"山仍太古留，心在羲皇上"，所谓"静含太古"，即表示要学习夏商周三代以前的有道明君。又如东宫的"卷阿胜境"，"卷"是"曲"，"阿"是指山坳。卷阿原在陕西岐山县岐山之麓，其自然条件为"有卷者阿，飘风自南"（《诗经·大雅·卷阿》），即曲折的山坳有清风徐来。其寓意为选贤任能，君臣和谐。周时召康公跟成王游于卷阿之上，召公因成王之歌即兴作《卷阿》之诗以戒成王，大意是要成王求贤用士。"卷阿胜境"追溯几千年君臣唱和，宣传忠君爱民的思想正基于此。又如位于山区松林峪西端的"食蔗居"中有一个临山涧的建筑"小许庵"，说的是尧帝访贤的典故：许由为上古高士，拥义履方，隐于沛泽。尧帝走访，并欲让位给许由。许由不受，便遁耕于箕山之下，颍水之阳。尧又欲召他为九州长。许由不愿听，并在颍水边洗耳以示高洁。许由挚友巢父牵牛饮水过此，了解情由后把牛牵走，表示牛不愿喝这样的脏水。许由死后葬于箕山，尧封其墓号为"箕山公神"。至于"重农""爱民"等"俯察庶类"的思想就不胜枚举了。从这点看，古典皇家园林也是封建帝王的宣传手段。其实山庄内外，君民生活天渊之别，所以有"皇帝之庄真避暑，百姓都在热河也！"的民谚。

2. 崇朴鉴奢，以素药艳

崇朴一方面是宁拙舍巧"洽群黎"，缓和帝王和黎民间的矛盾，也出于因地宜兴造园林。后者是保护山庄自然景色和创造山庄艺术特色的高招。所谓"物尽天然之趣，不烦人事之工"，并不单纯是出于节约，更着眼于创造山情野致。在这种设计思想指导下才能产生"随山依水揉幅齐""依松为斋""引水在亭""借芳甸而为助"和建筑"无刻楯丹楹之费"的做法。目前在"芳园居"西北山麓尚保存了一组山石，其主峰上有"奢鉴"的石刻。崇尚朴素野致是否就意味着简陋或不美呢？完全相反，"因简易从"的做法完全有可能达到"尤特致意"的境界。"宁拙"非真拙，而是要求做到"拙即是巧"。中国的书画、篆刻向有以古拙、淡雅、素净、简练取胜。山庄的设计也有此意，既是以清幽、朴素取胜，山庄建筑无雍容华贵之态，又颇具松寮野筑之情。山庄中茅亭石驳，苇菱丛生的"采菱渡"比之桅灯高悬、石栏砌阶的御码头不是更有生意吗？那种乡津野渡，甚至坐在木盆中荡游采菱的意境包含着多浓厚的乡情！在这种思想指导下，山区有不少大石桥不用雕栏，湖区的桥多是带树皮的木板平桥。加以水位以下驳岸，以水草护坡的自然水岸处理，那才是山庄的本色。乾隆所谓"峻宇昔垂戒，山庄今可称"，说明园主有意识地创造朴素雅致的山居。

3. 博采名景，集锦一园

中国万水千山，天下名景无数。欲囊括天下之美，谈何容易。康、乾二帝不仅有此奢望，也有数下江南和游览各地所积累的观感。人间"有意栽花花不发"的事是常有的。圆明园是博采名景的，也取得巨大成就。但就其所采仿之西湖十景而言，由于缺乏真山，有些失之牵强。更由于业已荡然无存，而无从细考。山庄所采名景的数量不及圆明园多，但无论湖区或山区都有很肖神的几组风景点控制风景的局面，还有不少属于隐射的囊括。山庄不仅是塞外的江南，也是漠北的东岳。取山仿泰山，理水仿江南，借芳甸作蒙古风光，可以说抓住了中国几种典型的风景性格。如果没有真山的条件，就很难建"广元宫"以象征泰山顶上的"碧霞元君庙"。再者，多样的采景都必须纳入统一的总体布局。仿江南并不是也不可能是真正的江南，而是"塞外之中有江南，江南之中有塞外"，熔各景为炉火纯青之一园，这才能保证格调的统一，才有独特的艺术性格，诚如白石老人的一句名言："学我者生，仿我者死。"不结合本身的特长，一味死仿名家或名作是不会有艺术前途的。

4. 外旷内幽，求寂避喧

避暑的要求反映在气候方面是清凉宜人。但园林风景性格又如何符合避暑的要求呢？中国向有"心静自然凉"的说法。风景性格就必须舍浓艳取淡泊、避喧哗求寂静，以适应"避喧听政"的要求。"山庄频避暑"，必然要求"静默少喧哗"。试看山庄的活动狩猎、观射、观马技等都在秋季或夏秋之交举行，无论湖区或山区都以静赏为主。"月色江声""梨花伴月""冷香亭""烟雨楼""静好堂""永恬居""素尚斋"，无不给人以宁静的感受，都是追求山居雅致的反映。

风景性格又可概括为旷远和幽婉。帝王为显示宫廷气魄，必仰仗旷远而取得雄伟壮观的观赏效果。欲求苑之景色莫穷，又必须给人以幽婉之情。山庄之湖区和平原区为旷远景色奠定了基础，而占园地五分之四的山区又以其深奥狭曲创造了布置幽深景色的优越条件。这种有明有晦的造景意识也是和山水画的传统息息相关的。

四　　　　　　　　　　　　　构园得体，章法不谬

《园冶》所谓"构园得体"，实际上指园林的结构和布局要结合地异，使之得体。清代有位文人说："文章是案头上的山水，山水是地面上的文章。"诗文和绘画都讲究以气魄胜人，其中要诀便在"以其先有成局而后饰词华"，反对以文作文，逐段滋生，园林无不皆然。布局和结构可以说是以具体形象体现设计意图的首要环节。布局虽然是粗线条的，不是细致入微的，但都是具有纲领和规定性的意义。古代园林哲匠，往往严于布局，花很多时间考虑结构，一旦间架结构成熟，便可信手指挥施工。除了"地盘图"（相当于平面图）外，还要做"沙盘"（包括有建筑烫样的模型），供上面审批，大致和今日的规划阶段相仿。园林和文学一样具有起、承、转、合的章法，又具有结合园林特性的具体内容。要做到章法不谬，必须统筹造山、理水、安屋、开径和覆被树木花草、养殖观赏动物等多方面的因素。

（一）先立山水间架

山水地形是园林的间架，自然山水园的构景主体是山水。这是园林区别于单纯的建筑群和庭园布置的主要之点。山水必须结合才能相映成趣，所谓"地得水而柔，水得地而流""水令人远，石令人古""胸

中有山方能画水，意中有水方许作山"等画理，都说明了山水不可分割的关系。就山庄而言，占地五分之四的山地自然是主体，自然要以山为主，以水为辅，以建筑为点景，以树木为掩映。这也是宋代李成《山水诀》所谓"先立宾主之位，次定远近之形，然后穿凿景物，摆布高低"的布局程序。山庄已原有真山形势，姑且先谈理水，再议造山。

1．理水

理水的首要问题是沟通水系，也就是"疏源之去由，察水之来历"，最忌水出无源和一潭死水，这是保持水体卫生的先决条件。康熙曾很得意地说过："问渠哪得清如许？为有源头活水来。"他引用朱子的诗句也就说明他深领理水的传统做法。山庄水源有三方面：主要是武烈河水，并按"水不择流"之法，汇入狮子沟西来之间隙河水和裴家河水；二是热河泉；三是山庄山泉，诸如"涌翠岩""澄泉绕石""远近泉声""风泉清听"、观瀑亭、瀑源亭、文津阁东之水泉和地面径流。康熙开拓湖区以前，里外的水道在拟建山庄范围内仅仅是顺自然坡度由北向南流的沼泽地，里面是热河泉和集山区之水造成"丫"形交合，外面是武烈河。二者又自然呈"V"形汇合。山庄据山傍水，泉源丰富，再加以人工改造，就为之改观了。从避暑山庄乾隆时期水系略图（图1）可以看出：由于武烈河自东而南递降，所以进水口定在山庄东北隅，以较高的水位输入，顺水势引武烈河向西南流。经过水闸控制才入宫墙。入水口前段布置了环形水道，需时放水，不需时水循另道照常运行。我们可以从道光年间《承德府治图》和现存山庄清无名氏绘《避暑山庄与外八庙全图》看到二者共同描写之概况。

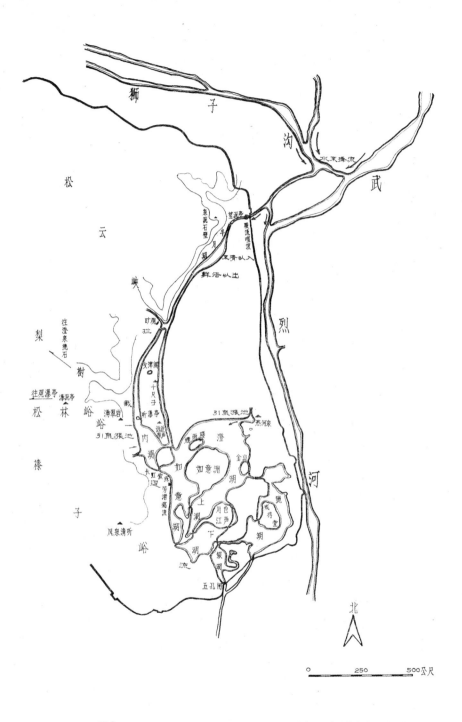

松云

狮子沟

松云

武

泉源石壁

峡

梨树

往澄泉焦石

松林

往观瀑亭

瀑泥亭

叠岭

涌翠岩

引泉张池

内湖

长虹迎

如意湖

上湖

下湖

风泉清听

叠岭

石

泉

烟雨楼

澄湖

引泉张池

燕河泉

金山

如意洲

月色江声

戒得堂

镜湖

泉源

五孔闸

北

烈河

0   250   500公尺

三七

图1·避暑山庄乾隆时期水系略图

作为园林水景工程，与一般水利工程相比，除了必须满足水工的一般要求外，尤在利用水利工程造景。山庄之引水工程值得称赞之处也在此，这就是"暖流暄波"的兴建。《热河志》载："热河以水得名。山庄东北隅有闸，汤泉余波自宫墙外演迤流入。建阁其上，漱玉跳珠，灵润燕蔚。"康熙记道："曲水之南，过小阜，有水自宫墙外流入，盖汤泉余波也。喷薄直下，层石齿齿，如漱玉液，飞珠溅沫，犹带云燕霞蔚之势。"武烈河上游也有温泉注入，也称热河。以上均指此，并非山庄境内之热河泉。可见，进水闸前引水道由于闸门控制而有降低流速、沉淀泥沙的功能。"喷薄直下"说明内外水位差经蓄截而增大，而且采用的是"叠梁式"木闸门。"层石齿齿"则说明水跌落下来有"消力"的设施以减少水力对里面水道的冲刷。康熙在诗中咏道：

水源暖溜轹蠲疴，涌出阴阳涤荡多。

怀保分流无近远，穷檐尽颂自然歌。

"暖流暄波"若城台，台上建卷棚歇山顶阁楼，有阶自侧面引上。水自台下石洞门流入，自然块石驳岸，并有树丛掩映左右。登城台即可俯瞰流水暄波。其西有望源亭跨水，再西有板桥贯通。桥之西南，水道转收而稍放，开挖为半月湖，并就地挖土起土丘于半月湖东南。半月湖北可承接"北枕双峰"以北的大山谷所渲泄的山洪和"泉源石壁"瀑布下注之水，西则汇集"南山积雪"东坡降水。由于山地地面径流渗杂了不少泥沙，半月湖在水工方面成为沉淀泥沙的沉淀池，外观上又仿自然界承接瀑布之潭。此湖向山呈半月形，亦利于"迎水"。半月湖以南又收缩为河，形成仿佛扬州瘦西湖那种"长河如绳"的水域性格,在松云峡、梨树峪等谷口则又扩大为喇叭口形。长湖在纳入旷观之山溪后,分东西两道南流而夹长岛,有如长江或珠江三角洲的天成形势。居于长岛西侧的线形河道基本和西部山区的外轮廓线相吻合,不难看出所宗"山脉之通按其水径,水道之达理其山形"的画理。为了摹仿杭州西湖和里西湖的景色,又逐渐舒展为内湖,然后以临芳墅所在的岛屿锁住水口,将欲放为湖面的水体先抑控为两个水口。水口上又各横跨犹如长虹的堤桥,形成"双湖夹镜"等名景。其景序说:"山中诸泉从板桥流出汇为一湖,在石桥之右复从石桥下注放为大湖。两湖相连阻以长堤,犹西湖之里外湖也。"为什么选这个地方作为界湖水口呢?因为这一带有天然岩石可以利用,不用人工驳岸自成防水淘刷之坚壁。现在仍可从"芳渚临流"一带看到自然裸岩临水的景观。"双湖夹镜"诗咏也证明当初确有这种意图:

连山隔水百泉齐,夹镜平流花雨堤。

非是天然石岸起,何能人力作雕题。

山庄开湖的工程可分为两个阶段。康熙时的湖区东尽"天宇咸畅",南至水心榭,亦即澄湖、如意湖、上湖和下湖。其东之镜湖和银湖都是在乾隆年间新拓的。湖区水景布局包括湖、堤、岛、桥、岸和临水建筑、树木等综合因素。当初施工是由开"芝径云堤"为始的。总的结构是以山环水,以水绕岛。《御制避暑山庄记》说:"夹水为堤,逶迤曲折,径分三枝,列大小洲三,形若芝英、若云朵、复若如意。有二桥通舟楫。"《热河志》还补充说:"南北树宝坊。湖波镜影,胜趣天成。"芝英即灵芝草。如意头的造型亦形如灵芝

三九

或云叶形，是以仙草象征仙境的做法。自秦始皇在长池中作三仙岛以后，历代帝王多宗"一池三山"之法。中国的文化艺术传统讲究既有一定之法规，又允许在定规内尽情发挥，可以"一法多用"。正如同一词牌可作不同词，同一曲牌可用以伴奏不同的情节一样。杭州西湖有一池三山。颐和园有一池三山。北海、中南海狭长水系中的一池三山拉得很长，圆明园在福海中的"蓬岛瑶台"之三岛却相聚甚紧。避暑山庄的三岛处理却别出心裁，从一径分三枝，如灵芽自然衍生出来一般，生长点出自正宫之北。三岛的大小体量主次分明，相当于蓬莱的最大的岛屿如意洲和小岛环碧簇生在一起。而中型岛屿"月色江声"又与这两个岛偏侧均衡而安，形成不对称三角形构图，其东隔岸留出月牙形水池环抱月色江声岛，寓声色于形。就功能而言，以堤连岛既有逶迤的窄堤为径，又有宽大的岛布置建筑群。就形式美而论，狭堤阔岛又具有线形和轮廓方面的对比衬托。从工程方面看，除了如意洲南端向西北凹弯部分受风浪冲击略有坍方和变形外，三个岛基本上是稳定耐久的。池中堆岛山还可边挖边堆，就近平衡土方。至于烟雨楼和小金山两个小孤岛坐落的位置亦与三岛相呼应。传说中也有"五座仙岛"之说，即除了蓬莱、方丈、瀛洲外还有壶梁、员峤。烟雨楼和小金山平面面积不大，但其立面构图和空间形象却非常突出。

湖中设岛，就处理阴阳、虚实关系来说，和书法落笔要掌握"知白守黑"是一样的。堤岛既成形，加以岸线处理，湖的轮廓也就出来了。中国园林理水讲究聚散有致，所谓"聚则辽阔，散则潆洄"。再细一点即要求理水之"三远"，即旷远、幽远和迷远。山庄湖区面积不大，又取以水绕岛之势，多是中距离观赏。但也有三条旷远的水景线。它们的共同特点是纵深长而水道较直。一条是自"万壑松风"下面的湖边上北眺，视线可直达"南山积雪"。另一条为自同一起点至小金山，水面最为辽阔。有一时期曾从"月色江声"北端筑土堤通到如意洲，因追求陆路的便捷而破坏了水景，经复原后才又得景如初。还有一条是自热河泉西望。如果自"水流云在"东望，则因热河泉收缩于内，东船坞又沿水湾北转，一目难穷，又有幽远、深邃之感。试想当初更可进内湖沿山上溯，山影时障时收，那又会有"山重水复疑无路，柳暗花明又一村"的迷远变化了。

康熙时期正宫东北有湖景可眺。乾隆以东宫为朝后，东宫东面也不能无景可观。可能由于这个原因，约在乾隆十六年至十九年（1751—1754 年）这段时间里，山庄湖区又往东、南扩展了一次，使武烈河东移一段，在腾出的地面上挖出了银湖和镜湖，同时开辟了文园狮子林、清舒山馆等风景点。目前从小金山东面尚可见康熙时期石砌河堤的遗迹，扩建部分的新堤便建于旧堤之东，足见扩展了相当大的地面，宫墙也随之更改而向东南拱出，并在原水闸位置上建"水心榭"。

水心榭实际上是一个控制水位的水工构筑物，使新旧湖保持不同的水位。新湖水位略低于旧湖。但水心榭并不使人感觉是水闸，而是"隐闸成榭"的一组跨水亭榭。渡过万壑松风桥向东南望，石梁横水，亭榭参差，后面又衬有高山，层次深远，爽人心目。如自银湖回望则又是一番意味。可以说，这个水工构筑物和园林建筑的结合又胜过"暖流暄波"。究其成功之原因，布局位置得宜，夹水横陈，又把闸门化整为零，分闸墩成八孔，闸板隐于石梁内，从而又构成水平纵长的特殊形体，平卧水面，与水相亲，十分妥贴。加以水映倒影，上下成双，波光荡漾，曲柱跃光（图 2），正如乾隆所描写的一样：

图 2 · 水心榭

一缕堤分内外湖，上头轩榭水中图。

因心秋意萧而淡，入目烟光有若无。

总观山庄之理水，源藏充沛，引水不择流。水的走向与西部山区汇水的几条主要谷线松云峡、梨树峪及松林峪、榛子峪近于垂直，便于承接山区泉水和雨季大量的地面径流，成为天然的排放水体，从而得到"山泉引派涨清池"的效果。人工开凿力求符合自然之理，理水成系，使之动静交呈，由泉而瀑，瀑下注潭，从潭引河，河汇入湖，引池通湖，还刻意创造了萍香沜、采菱渡等野色。在旷观附近水分两道，为的是西面一水道承接山区来水，东面一道汇入"千尺雪"的泉水。内湖仿佛是蓄水库，可控制下游水量，自"长虹饮练"后才放开为大湖。热河泉的水自东交汇，径南至水心榭，后延伸至五孔闸泄水。因此水系的开辟受多方面因素影响，因势利导而成。山庄之理水也走过一些弯路，从嘉庆《瀑源歌》诗中可以看出不按自然之理处理水景便难以长存，这也说明山庄对水景工程的处理是很细致的。其诗曰：

一勺之多众山里，涓涓不停注宛委。

盈科后进循自然，放乎四海皆如是。

瀑源本在此谷中，归贮木匣贮积水。

伏流涧底人不知，遂疑垂练伪造耳。

欲巧反致失其真，矫揉造作岂可持。

圣人凡事必求真，肯令浮言淆至理。

特命子臣率大臣，步步测量审远迩。

乃知此水在此山，易木以石流弥弥。

奎章巍焕泐亭阴，发明证实岁月纪。

高低互注九曲池，得源岂徒为观美。

伏必于而显斯清，澄澈泠泠去尘滓。

行藏用含皆待时，有本无求安汝止。

这诗虽不好，却是一段山庄理水的实录。在处理水工构筑物时，
力求结合成景。从水的空间性格而言，聚散有致，直曲对比，有
明有暗（如"香远益清"和文园狮子林的水面都是藏于隐处的），
把寓仙境、摹江南结为一体。水绕岛环，水盈岸低，木桥渡水，
苇蒲丛生，荇萍浮水，给人以爽淡、清新、亲切、宁静之水乡野情，
和一般宫苑所追求的金碧山水完全不一样，把水理出性格来了，
很难得。

2. 造山

山庄真山雄踞，无须大兴筑山之师，但可借挖湖之土用以组织局
部空间，协调景点间的关系，以弥补天然之不足。如试马埭位于
文津阁侧溪河之东，须筑防水之土堤，这就是"埭"的含义。万
树园要求倾向湖面以利排水，也要垫土平整。金山岛仿镇江金山寺，
如直接与如意洲上的宫廷建筑对望，便有欺世之嫌，也相互干扰，
因此如意洲由东而北都有土山作屏障。真的金山是与焦山相望的。
焦山的风景特征正是"山包寺"而不见寺。如意洲以土山障宫室，
自金山西望山不见屋，也就协调了两个景点间的关系。如意洲的
西部就是敞开的，这样可以露出"云帆月舫"。前些年一度临时
堆浚湖土于此，破坏了原有布置，现已移去此堤。山庄筑山最好
的是从环碧至如意洲这一段。其间土山交复，夹石径于山间，形

成路随山转，山尽得屋的典型景象。另一处是由热河泉而南，路随土山起伏，土山交拥，形成狭长的低谷地。至于"香远益清""清舒山馆"和"文园"都利用土山范围空间。"卷阿胜境"之南又筑曲山两卷，以象征景题所寓的地貌特征。上述筑山工程都在布局中起了重要作用。

在掇山方面，山庄不仅有合理的布局，而且饶有塞外山景的特色。宫区以"云山胜地"、松鹤斋和"万壑松风"为重点。湖区以狮子林、金山、烟雨楼和文津阁为重点。山区则以广元宫、山近轩、宜照斋、秀起堂等为重点。这些掇山虽不是同一时期所为，但如同文字一样，善于因前集而作风景的"续篇"，始终得以保持统一的风格而又不乱布局之章法。可以看出，山庄掇山是在乾隆扩建山庄时兴盛起来的。作为清代宫苑，完全有条件从外地采运山石，但并没有这样做，而是遵循"是石堪堆""便山可采"和切勿舍近求远的原则，选用附近的一种细砂岩，其中有的还掺杂一些"鸡骨石"的白色纹层。这种山石有色青而润，亦有偏于黄色，体态顽夯，雄浑沉实，正好衬托山庄雄奇的山野气氛。这和以透、漏、瘦为审美标准的湖石完全是两种风格。乾隆是很有意识地要创造山庄掇山风格的，他在《题文园狮子林十六景·假山》中说：

> 塞外富真山，何来斯有假。
> 物必有对待，斯亦宁可舍。
> 窈窕致径曲，刻峭成峰雅。
> 倪乎抑黄乎，妙处都与写。
> 若颜西岭言，似兹秀者寡。

另一首诗又说："欲问云林子，可知塞外乎？"可知山庄掇山是在宗法倪瓒画法的基础上结合塞外风景特性来布置的。倪瓒字元镇，号云林子，是元代著名山水画家，创用"折带皴"写山石以表现体态顽夯之石，亦即江南黄石的景观，与山庄山石石性很接近。他好作疏林坡岸、浅水遥岭之景，取意幽淡、萧瑟。山庄文津阁掇山就是刻峭成峰，以竖用山石取得峭拔之势。这也是"棒锤山"峰型的抒发。金山掇山则取"折带皴"以层出横云，跌宕高下而取得雄奇感，即既有统一的布局，又各有景点的山石特征。山庄很少用特置的单体奇峰异石取胜，而是着眼于掇山的整体效果，这也是高明之处。

从翻修"月色江声岛"院内的山石来看，其掇山结构取"以条石堑里"之法，用花岗石的长条石作骨架，外覆自然山石，石体中空，这和现代砌围堵心的结构是不相同的。

（二）结合地宜规划

园林不同于绘画之处在于，除可观外，也可居、可游。山水间架的塑造也是结合使用功能统筹的。山庄之分区基本上按地形地貌的类型划分（图3）。南部平岗地和平地用以布置宫殿区，取正南方向和通往北京的御道相衔接，仍然遵循前宫后寝、前殿后苑和"九进"等传统布置宫苑之制，有明显的中轴线相贯。由于用地面积有限，布置格外紧凑。宫殿建筑的尺度较小而比例合宜。正宫整个的气氛是庄严严肃，但又没有紫禁城宫殿之华丽感。建筑灰顶，装修素雅，不施彩画，木显本色。加之两旁苍松成行，

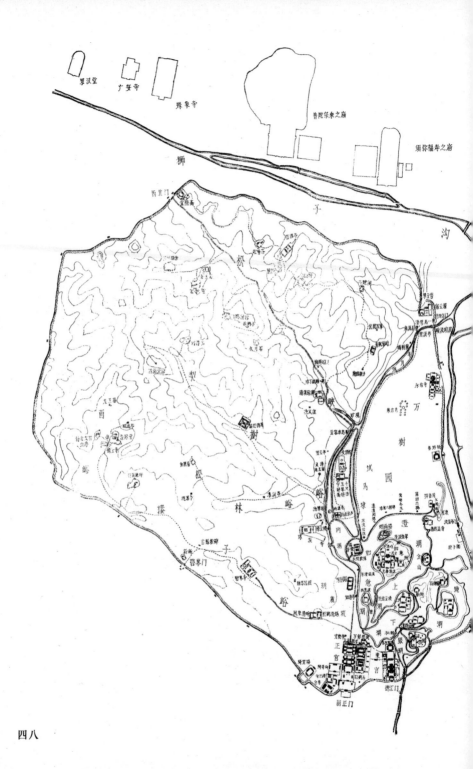

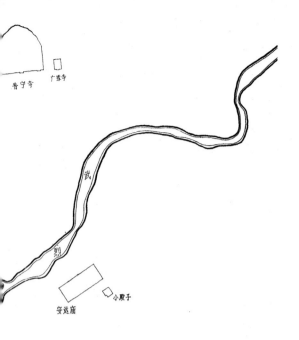

普宁寺　广缘寺

武

烈

安远庙　小殿子

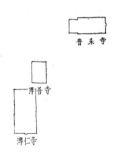

普乐寺

溥善寺

溥仁寺

北

比　例　尺
0 50 100 150 200 250 300 350 400 450 500 公尺

图 3 · 避暑山庄总平面图

虬枝如伞，显得格外清爽、朴雅、淡适、恬静，这正是行宫的特色，从前宫到后寝，从宫殿到园苑逐渐过渡。如主殿"澹泊敬诚"以北廊子的比重逐渐增多，山石布置的比重也逐渐增多。正殿南面还用条石垂带踏跺，而殿北就过渡为山石如意踏跺了。到了"云山胜地"，已是云梯垒垒，古松擎天，环视皆有石景了。正宫最北的"万壑松风"相当于一般私家园林的厅堂。据岗俯湖或远眺山色，可以粗览湖光山色之概貌，由此可以放射好几条主要风景线，向北可把视线拉到"南山积雪""北枕双峰"，外八庙居北之普宁寺尚可依稀在望；视线东扫，则金山岛之上帝阁显赫地矗立湖际；再由东而南，远瞩磬锤峰及附近诸庙；近得水心榭斜卧水中。还有些景则半掩半露，逗人入游。在起、承、转、合的章法中，可说是园景之"起"。这个起点选据岗临湖、居高临下之形势，较之一般宅园厅堂更丰富了山林野趣。新中国成立后湖区插柳成行，难免阻挡了一些风景线，应按"碍木删桠"的道理全部恢复风景透视线。

湖区南起"万壑松风"桥，北止万树园南缘四亭。以"万壑松风"桥为起点，开辟了三条游览路线，一沿西岸，一沿东岸，一贯诸岛。在布局方面主要是确定如意洲的位置，因为这是别宫所在。洲居湖心众水口所归之处，是湖区承接山风淑气最好的地方。康熙所谓"三庚退暑清风至，九夏迎凉称物芳""山中无物能解愠，独有清凉免脱衫"，乾隆所谓"洞达轩窗启，炎朝最纳凉"，都是指这个岛。因此这个岛向西敞开，一为采风，二为得景。如意洲既采用北方四合院的格局布置主体建筑院落，又有从四合院派生的别院、若通若隔之邻院和与金山相呼应的岸亭点缀。加以园中有园之沧浪屿，亦乃大中见小、小中见大之作。

湖区主岛既定，"月色江声"岛上就仅有一个相当于四合院的布置。列为第三位的"环碧"则为更加简练的建筑组合。因青莲岛以全岛环水居澄湖中而设"烟雨楼"，取金山岛峭立湖边而成金山。由于堤左右皆湖，有碍水上游览的串通，于是"中架木为桥"。湖区北岸上的四个亭子，乍看时似乎等距相安，未免呆板。但按原水系的布局，"水流云在"把于水口，与烟雨楼、如意洲西部、"芳渚临流"借三叉水口互为对景。在水口附近集中布置园林建筑也是惯法，如瘦西湖等。"濠濮间想"也是突出水景的。"莺啭乔木"和"甫田丛樾"则按"承、转"的章法由湖区向平原区的万树园过渡。这四座亭子一方面把湖区景色收住，另一方面又向北掀开风景的新篇章。建了烟雨楼以后，登楼自西而东隔水观望，"绿毯八韵碑"居中正对，其东西各有二亭呈现在楼柱和挂落构成的框景中，有"步移景异"之妙，说明乾隆扩建时着意在已建基础上写"续篇"，使湖区更臻完整。

紧接湖区的万树园和试马埭，无论在使用功能和空间性格方面都有转换，使游兴再次兴奋。游者的心目从欣赏摹写江南水乡秀色转向一览地广而平、水草遍野的塞北草原风光。万树园是稀树草地景观，试马埭则处草原一角，二者以北还有扎有蒙古包的场地。

山区建筑在康熙时期建设不多。首先在四个山峰上安亭以控制整个山庄之局势和风景，"锤峰落照"控制湖区，"南山积雪"和"北枕双峰"控制平原区和北部湖区，居于山区第二高峰上的"四面云山"则可控制山区内部。高山安亭，在布局章法方面起了"结"的作用。适才所游之景，可尽收于目下。回忆游程，再审去处。

山庄范围依地势划分。北面的山脊线上架宫墙，随山岭蜿蜒有若小长城，西南也基本以山脊线为界，西面从谷线设界墙，故西南部常设排水口穿墙，东面则以武烈河堤为邻，整个范围形成一把芭蕉扇形，扇柄则是正宫和东宫的所在。至于山庄总体布局有没有中心的问题，有的专家认为是"山骨水心"，有的专家认为山庄的中心是磬锤峰，都是有道理的。我认为作为采取"集锦式"布局而言，山庄并没有像颐和园佛香阁或北海白塔那样明显的构图中心。整个外八庙是朝向山庄的，山庄内山区和平原区交拥着湖区，而湖区又朝向宫殿区。"芝径云堤"的生长点不就来自正宫的方向吗？这可以说是一种"意控"的中心。嘉庆在《芝径云堤歌》中就说："长堤曲折界波心，宛如芝朵呈瑶圃。"就湖区而言，金山岛可谓中心。随湖岸线演进至北部湖区，则烟雨楼又成为局部的构图中心，所以说山庄是"山庄即水庄，无心亦有心"。

（三）巧于因借，得景随机

"巧于因借，精在体宜"是我国传统园林极为讲究的布局要法，不仅用于总体布局，也用于细部处理。按计成的解释："因者，随基势高下，体形之端正，碍木删桠，泉流石注，互相借资，宜亭斯亭，宜榭斯榭，不妨偏径，顿置婉转，斯谓'精而合宜'者也。借者，园虽别内外，得景则无拘远近，晴峦耸秀，绀宇凌空，极目所至，俗则屏之，嘉则收之，不分町疃，尽为烟景，斯所谓'巧而得体'者也。""借"也有凭借之意，其中心内容是：精于利用地异便可得到合宜的景式，巧于借景方能创造得体之园林，足见"借景"和"相地"有不可分割的密切关系。当初选址之时，就把周围的奇峰异石考虑在内，兴建时又着意发挥，此亦山庄造景之要法。

山庄因借之精巧在于综合利用了一切可利用的天时地利条件，按照"景因境成"的原则布置了不同观赏性格的空间。从布局方面看，以集中布置园林建筑组群和分散安排单体建筑相结合的方式，使之融汇于山光水色之中。其景点之景题、疏密、朝向、体量、造型乃至成景、得景力求与山环水抱的环境相称。某景之好只是在它所处的特定造景条件下而言。若孤立地抽出某一建筑群来看，则很难理解其形体之所凭。若颠倒其环境相置，则必乱其造景之体裁而不成体统了。具体而言，山庄之因借可概括为以下几方面。

1．因高借远

如前所述，《园冶·相地》篇认为"园林惟山林最胜，有高有凹，有曲有深，有峻有悬，有平有坦"。山庄选山林地造园，除了"因高得爽"借以避暑外，还在于这种利用地形地貌的起伏多变，是运用借景手法最有利的地形基础，有事半功倍之效。其中"因高借远"对于处理园内外造景关系方面尤为重要。山庄山区位于山上几个制高点上的山亭正是这种因高借远的体现。"南山积雪亭"远借南面诸山北坡维持较长时间的雪景和僧帽峰等异景。"北枕双峰亭"远借金山和黑山雄伟的山景，充分利用了西北金山、东北黑山的排空屹立，有如"天门双阙"的形胜，安亭与二山相鼎峙，可谓精而合宜。居于山区次峰上的"四面云山"，于满目云山之巅安亭以环眺。登亭，若有"会当凌绝顶，一览众山小"之势，远岫环屏，若相朝揖。晴日，数百里外峦光云影都可奔来眼底。振衣远望，心境亦能为之一爽。这是远借的佳例，也可以使我们理解"宜亭斯亭"的含义。"高原极望，远岫环屏"则是远借的要法。

2．俯仰互借

园林虽有内外之别方称"借景"，园内相互得景方称"对景"，但若从园中有园来理解，即在园内亦有互相资借的手法。俯仰互借就是利用山林地有高有凹的有利条件的处理方式。如在"万壑松风"可俯览湖区风景之概貌，而自湖区"万壑松风桥"东来则又可仰观"万壑松风"雄踞高岗之上。自万树园可仰借山区外露之山景，而居山区高处又可纵目鸟瞰湖区和平原区的景色。作为山庄，山水高低俯仰成景是园内最基本的一种借景、对景手法。因此山区常有"晴峦耸秀，绀宇凌空""斜飞堞雉，横跨长虹"的景观。

3．凭水借影

景色更妙于从湖光水色中借倒影。这种间接的借景似乎有更深的意味。居于湖区西岸高处的"锤峰落照"和杭州西湖以往的"雷峰夕照"有异曲同工之效。棒锤峰固然远近观之多致，但居山俯湖，从荷萍空处隐现锤峰倒置的画影就更为难得。澄湖如镜时，峰影毕现。微风荡波时，峰断数截而摇曳，化直为曲，欲露又隐，逗人捕捉。除此以外，诸如"镜水云岑""云容水态""双湖夹镜""水流云在"无不取类似的意境和手法。

4．借鸣绘声

游览园林要使各种感官饱领山林野趣方能领会绘声绘色之兴，借水声、禽声、风声都可以渲染园景的诗情画意。"月色江声"描绘了一幅多么富于诗意的图画：月色空明之夜，万籁无声，却于静中传来武烈河水滚流之声，似乎还可联想到居江边而闻橹声。这和"蝉噪林愈静，鸟鸣山更幽"的描写手法一样。江声并不吵人，而是显得月夜更加宁静，不静哪能听到白昼所不会察觉的江声呢？此外，昔之"千尺雪"喷薄时伴有落瀑之声，乾隆在《千尺雪歌》中咏道：

> 问雪有声声亦有，矮屋疏篱徙风后。
> 无过骚屑送寒音，那似淋浪喧户牖。
> 何来晴昼飞玉花，玉花中有声交加。
> 人间丝竹比不得，似鼓和瑟湘灵家。
> 雪落千尺亦其素，乃中宫商胜韶护。
> 道之则来诓巧营，即之则虚堪静悟。
> ……

似这样充分利用地宜做绘声绘色的山水文章，从水引出音乐，再用清幽的音乐比拟静悟的人生哲理，创造最清高的山水音，在古典园林中是屡见不鲜的。山庄借声之景还有"玉琴轩""暖流暄波""远近泉声""听瀑亭""风泉清听""万壑松风""莺啭乔木"等多处，可以说把立地自然环境中可借声的因素都利用起来，运用多种手段丰富园景，特别是"枞金戛玉、水乐琅然"的艺术享受。

5. 薰香借风

能在自然风景中嗅到植物所散发的芳香也能赏心怡神。传统的中国园林往往把"闻香"提高到"听香"的境界来享受，即并不是人主动去寻香，而是在大自然怀抱中自然有幽香借微风一阵阵地送来，撩人以醉，因此不求香气逼人而向往"香远亦清"。山庄之"香远益清"正是以"翠盖凌波，朱房含露，流风冉冉，芳气竞谷"的景色著称。"曲水荷香"也是以"镜面铺霞锦，芳飙习习轻。花常留待赏，香是远来清"，令人流连。其他如冷香亭、萍香沜、"甫田丛樾""梨花伴月"等景都是同类手法。

6．所向借宜

在居住建筑的布置中往往争取朝南正座，而风景、园林建筑并不尽然。有时出于山水形势之朝向和得景的需要，也可取偏向甚至取"倒座"。山庄中"瞩朝霞""吟红""锤峰落照"、清晖亭等都是朝东的。因为向东可以欣赏红日冉冉破晓、武列映带和磬锤峰、蛤蟆石、罗汉山的剪影风光。"西岭晨霞"同样可欣赏晨光，却借西岭晨霞西射之景。吟红榭向东得寅辉，"霞标"又向西挹爽。食蔗居顺松林峪之谷势而向东南。广元宫和山近轩因山势而面向西南。因势取向，无所拘牵。

7．遐想借虚

园林借景还讲究"收四时之烂漫"和"景到随机"。这个"机"允许在现实景物的基础上施展浪漫主义的遐想手段，使园林的意境深化。按说作为一个寝宫并无景可观，但"烟波致爽"因其居四围秀岭之中，十里澄湖之上，致有爽气送自烟波，并可联想到整个山庄有"春归鱼出浪，秋敛雁横沙。触目皆仙草，迎窗遍药花"和"露砌飘残叶，秋篱缀晚瓜"的秋意，较之紫禁城内的御花园就爽心得多了。

如意洲西临水处原有"云帆月舫"（图4）一景。这是一座临水仿舟形阁楼，很接近园林中常见的石舫或画舫，却又别具风采。说是画舫，可并不在水中；说是一般楼阁，却又临水如舵楼造型。像这样称为"舫"而又不在水中的建筑在园林中并不多见。广东顺德县之清晖园中尚可见到类似的处理，但手法还不一样。"云帆月舫"取"宛如驾轻云，浮明月"的意境，称得上是"借景随机"的示范作。"驾轻云"比较容易理解，即借驾轻云横逸为船帆鼓风而进的写照，而"浮明月"并不是明月浮于天际，而是月光如水一般遍撒在大地上，舫坐落在月光笼罩的地面上，犹如浮在水面上。因为我国向有"月来满地水，云起一天山"之诗境。何况此舫距离岸不远，与对岸的"芳渚临流"等互为对景，舵楼水影又有若真舟。似这样在具体的基础上又寓抽象，在写实的造型中又赋写意意味的园林建筑创作实在是值得我们学习和借鉴。乾隆有首诗很能说明此景贵在似与不似之间的创作意图和其中的诗情画意：

> 舟阁傍烟湖，浮居有若无。
> 波流帆不动，涨落棹如孤。
> 牖幔披云揭，楼栏共月扶。
> 水原资地载，所见未云殊。

五八

图 4 · 云帆月舫

五　　　　　　　　　　　移天缩地，仿中有创

山庄造景真有"致广大，尽精微"的艺术效果。但欲"移天缩地
在君怀"也并非一蹴而就的易事，若无高明的造园意匠很可能落
得个"画虎不成反类犬"的笑柄。天下何其大，如完全采用现实
主义的手法逐一堆砌哪能奏效？山庄建设主持人从大处着眼，结
合山庄的自然条件，提纲挈领地重点仿几处，有些景色略有所仿，
有的只作象征性的写照，于是分别用悉仿、小仿和意仿以求在有
限的用地面积内可以包含更多的名园胜景，这成为山庄"致广大"
的要诀。众所周知，康、乾二帝数下江南，看到称心的风景名胜
便命随身侍奉的画师摹写作画，回到北京后再移江南景色于京都
诸苑之中，因此避暑山庄有"塞外江南"之誉称。应该说仅以此
来概括山庄的造景成就是不够的。山庄风景之胜不仅在湖区，更
在于占全园用地总面积五分之四的山区。如说山区也是移写江南
水乡之景那就牵强了，但山区造景确有所本。作为山区风景点最
集中的松云峡是有明显摹泰山风景之意图的。新中国成立前出版
的《故宫周刊》第三二七期刊有一幅名为《对松山图》的山水画。
这是乾隆游玩了泰山以后授意李世倬作的一幅画，原作绢本，设色，
纵六尺八寸四分（约228厘米），横二尺六寸五分（约88厘米）
（图5）。原画右下方有作者写的画题和题字，其文说："青壁双起，
盘道中施，石齿树生，云衣晴见，当泰岱之半景为最奇。"在原
作居上方的位置上还有乾隆亲笔题的一首七言诗：

图 5 · 对松山图

景行积惘望宫墙，视礼先期命太常。

诋为嘉陵驰去传，却携泰岳入归装。

天关虎豹常严肃，松磴虬龙镇郁苍。

便是明年登眺处，好教云日仰仁皇。

命李世倬视孔庙礼器，回路图此以献，因题一律。

御笔

这"携泰岳入归装"以后之举并未见在北京西郊三山五园中细表，却可以从山庄山区，特别是松云峡的布置中看到这种移仿的意图。将此画和松云峡的典型景观对照，二者何其相似！山庄之斗姥阁有若泰山之斗母宫。山庄居山顶之广元宫就是泰山极岭上碧霞元君庙的写照。至于乾隆所写咏山庄的诗句中"寒林穷处忽成峰，仿佛如登泰麓东。山葩野卉难争艳，五株疑是秦时松"等都是上述意图的反映（注："秦时松"指秦始皇在泰山所封的"五大夫松"）。

水景移江南，山居仿泰岱，这是提纲挈领地缩写我国江山。三山五岳之制素以泰山为五岳之首，同时也附合松云峡原有的地异。其余山景的缩写则可一带而过，诸如从"香远益清"的莲花可以联想到"华岳峰头"，从"玉岑精舍"可以联想到武夷九曲阿，从"远近泉声"的泉和峰可以联想到"泉堪傲虎跑，峰得号香炉"（注杭州有虎跑泉，济南有趵突泉，皆为名泉。香炉峰为庐山名峰），从"长虹饮练"可以引伸出"武夷帐幄列云崖，为有虹桥可作阶""城是乾闼幻，乐是洞庭调"。这样既有重点移景，又有一般的仿造和想象，使之更致广大而不累赘。

慕名仿胜在古典园林中屡见不鲜，但也随作者之艺术水平而分高下。低者照猫画虎，甚至画蛇添足、附庸风雅、弄巧成拙；中者如法炮制，有形无神；高者仿中有创，惟妙惟肖。以仿金山而论，扬州瘦西湖有小金山，虽在山与寺的处理关系方面有相似之处，但在游览的感染力方面并不很强，不能令人产生内心惊服之感。北京北海之琼华岛虽有仿金山某些建筑性格如远帆阁和月牙廊的做法，但该岛山主要是仿北宋艮岳，所以就仿金山而言只有某些局部的效果。就中唯山庄之小金山可以令到过镇江金山的人一见如故，承认它是镇江金山的缩影而又具有本身的特色，仿中有创，不落俗套。澄湖中的烟雨楼尽管条件有所局限，也不失为仿景佳作。从这两处成功之作可以总结出仿景之要点如下。

（一）推敲以形肖神的山水形胜

以山水为骨架的风景名胜，首先要把握住其山水形胜属于哪种山水类型？具有什么风景性格？与环境的关系如何？例如镇江的金山被古人称为"江南诸胜之最"。古代的金山和现在的金山在山水形胜方面有所差别。古金山雄踞长江近南岸江中，与南岸隔水相望。这里是江天一览，壮阔空明，金山在江中犹如紫金浮玉一般，金山又名金鳌岭、浮牛山、浮玉山。文学大师们最擅捕捉山水之形胜，唐《洞天记》用16个字就概括其要："万川东注，一岛中立。波涛环涌，丹碧摩空。"按县志记载，约在100多年前的清道光年间，金山开始与南岸接，形胜不复当初。图6为临摹《鸿雪姻缘》中"妙高望月"的大意。妙高台为镇江金山一景，可见其成景环境之一斑。我们从图7中可以比较二金山所处的环境，便可看出山庄之金山向东让出一涧之地与岸分离，西面则有开阔的澄湖，于碧波环绕之中屹立山岛中。

烟雨楼仿的是浙江嘉兴南湖中的烟雨楼。南湖四周地势低平，河网密布。烟雨楼所在的岛是明嘉靖二十七年（1544年）运浚河之土填来的一个全岛，起平渚而居湖心，在烟波浩渺中矗高楼。虽然也有水平和竖直的线形对比，但轮廓线是比较平稳的。山庄烟雨楼原为如意洲北面的孤岛，从《御制热河三十六景诗》"濠濮间想"图中可见其概。此岛东、北、西三面都有较宽的水域，唯南向与如意洲相隔太近，但当时并无目前的如意洲桥。除于如意洲北端北望可察觉其形胜不足之处外，其余三面都有空濛之特色，加以北面为地势低平的万树园，主体建筑烟雨楼因南面用地局促而居于岛之北沿，因此可以获得近似的环境效果。

（二）捕捉风景名胜布局的特征

大凡风景，都以各自不同的风景性格吸引游人。决定风景性格的因素除了形胜之外便是山水、建筑、树木之间的结体关系。镇江之金山寺由于山小寺大，建筑分层布置，递层而上，栉比鳞次，依山包裹。由于建筑密度大，远观见寺不见山。镇江焦山则正好相反，故素有"焦山山裹寺，金山寺裹山"的说法，给人印象较深。另外镇江金山的主要山门取西向，而南面向岸的一面又另辟门径。这些建筑又坐落在层层上收的自然裸岩上。建筑空处，山岩或横逸探空，或峭壁陡立，其间又有香樟、枫杨、桑、柳等大树参差

图 6 · 妙高望月

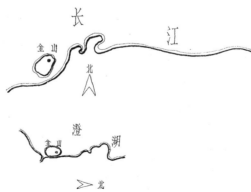

图 7 · 金山位置图

上下，于是形成宝坻临水，月牙廊环抱山脚水边，庞大殿堂傍山麓，山上有台，台上有楼塔矗山顶一侧（原为双塔），爬山廊、石级相断续的宏伟寺观。如用这样的布局特征对比山庄之金山，便知主持工程之匠师完全把握了这些特征，烟雨楼亦可同理推敲。

（三）摹拟特征性的建筑

镇江金山最富有特征性的建筑是矗立在北部山顶上的慈寿塔。塔为 7 级，木结构。这座塔实际上已成为镇江的地理标志，古时行船见塔便知已抵镇江。金山海拔 44.4 米（吴淞口标高），山之相对高度约为 60 米。慈寿塔高约为 30 米，因此，得山而立，山因塔而奇。山庄金山以阁代塔，尺寸虽小，而与环境比例协调。除主体建筑外，相当于码头的宝坻、月牙廊、爬山廊也都吸取来烘托上帝阁。"天宇咸畅"和"镜水云岑"（图 8）一坐北朝南、一坐东向西，可谓以一当十，概取其要。加以辟台时也由缓而急，由低而高，以油松为参天古木，金山神韵油然而生。

（四）整体提炼，重点夸大

欲以少仿多，必然要"删繁就简"，即要在总体方面加以提炼，把握住造型的总体轮廓。山庄金山仅用了五个建筑便得其势，这五个建筑已提炼到缺一不可的程度，否则难以再现金山亭、廊、楼、台、塔组合有致之形体。宋代王安石《游金山诗》中的"数重楼枕层层石",可说明镇江金山的石性,因此山庄金山用"折带皴"掇山就很得体。但是仅提炼是不够的,为了加强这种风景特征的感染力,在不破坏总形势和整体比例的前提下,可以允许做些艺术夸张。山庄金山在山与塔的比例关系方面做了大胆的夸张,一改镇江金山塔为山半的高度比例,成为阁比山高(山高约9米,阁高约13米),因此上帝阁雄踞山顶之气势更为鲜明。此外,其余几个建筑在与山的比例关系上都有夸大,而尺度又并不很大。目前重建之"芳洲亭"尺寸较原有的小了些,可以感觉出来在比例上与其他建筑不相称。为了保持山庄金山这个景点在园林艺术上尽可能的完美性,建议按原样修改。如将图6和图8两相对照,便可领会其仿中有创的要领。

(五)创造"似与不似之间"的景趣

虽然真、仿二金山在环境和个体建筑方面不尽相同,但在景趣方面是有共同点的。从成景方面分析,二者都是观赏视线的焦点。镇江金山四面成景,山庄金山有三面多成景,其东面以土山相隔。从得景方面分析,镇江金山可登塔环眺,山庄金山亦然;北望永佑寺和远山远寺,东取磬锤峰诸景,南抱湖景,西则隔湖列岫。王安石游镇江金山那种"数重楼枕层层石,四壁窗开面面风。忽见鸟飞平地起,始惊身在半空中"的诗意在上帝阁上亦能得到,登阁俯远,面面有景,这可谓得金山之神韵了。

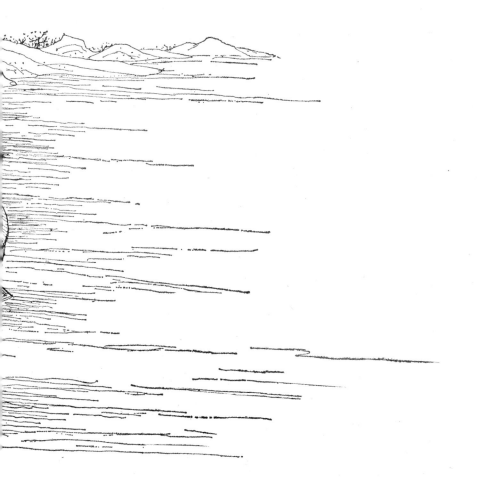

图 8 · 镜水云岑

六　　　　　　　　古木繁花，朴野撩人

避暑山庄因土脉肥、泉水佳而草木茂盛，原来的天然植被就很好，给人以朴茂之美。开发时又按照"庄田勿动树勿发"的原则兴建，基本上没有破坏原有的生态平衡条件。一度灾民伐树，事后也得到补救。山区风景点兴建后，又从附近移植大量树木加以弥补。至今，山庄还保留了一些固有的特色。

适地适树是园林植物种植有关科学性与艺术性相统一的准则，山庄树木花草种植无不遵循土生土长的塞外本色。山庄给人印象最深的是油松（*Pinus tabuliformis Carr.*），当初曾有"山塞万种树，就里老松佳"的说法，头一句是文学夸张，后一句说明当地的古木主要是油松（图9）。因为油松是乡土树种，强阳性、耐寒、耐旱、耐瘠薄土壤，喜欢生长在排水良好的山坡上，这些正是山庄的生态条件。就意识形态而言，油松因寿命长和四季不凋而有益年延寿的寓意。又因色彩稳重而肃穆，干挺拔而壮观；因龙鳞斑驳、老枝苍虬而富古拙、朴野的外貌，虽一棵树却极尽形态之变化。这些形象美的特征也正合建山庄的目的。因此，确定油松为山庄植被永恒的基调是很有根据的，山庄以松为景题的风景点也是屡见不鲜的。从各种角度品赏松树之美，整个山庄之山光水色因有油松为基调而得到统一，呈现"山庄嘉树繁，雨露栽培久，凌云皆老松，近水少杨柳"的景观（图10）。但虽以油松为基调，却又不是平均布置，在处理松树的疏密方面十分得当。山庄何处有景

图 9 · 避暑山庄的油松（1982 年摄 夏成钢 提供）

点呢？可以说哪里油松密集，哪里就是风景点的所在，也可以说油松是山区游览的指路牌。直至目前，我们尚可以此作为寻找遗址的方法之一。

但是就山庄的内部而言，自然条件又有些小差异。自北而南，起伏渐减，土壤也由深厚、肥沃渐转为干旱、瘠薄。因此自然条件最好的峡谷命名为松云峡，递次而为梨树峪、松林峪，最南为榛子峪。榛子可谓最耐干旱、瘠薄的野生树种。在有成片、成林的山区绿化基础上又结合湖区水生植物种植和庭院内精细的植物配置加以分别处理。试马埭结合功能以大片草原点染蒙古风光。万树园又在绿茵如毯的草地上植以高大的乔木，如榆、柳之类，形成稀树草地的景观。于是，植物种植配合功能分区而强调出各种空间的性格。"万壑松风"除了仿西湖万松岭外，似有仿元代何浩所作《万壑松涛》的画意，成为"踞高阜，临深流，长松环翠，壑籁风度如笙镛迭奏声"的景点，地面上还有"岩曲松根盘礴"的野趣。"莺啭乔木"的"夏木千章，浓阴数里"，给人以"林阴初出莺歌，山曲忽闻樵唱"（《园冶》）的联想。试马埭又可得"草柔地广，驰道如弦"之景观。

特别值得一提的是山庄的山林野致，它以区别于一般城市山林的做法逗人流连。《园冶·山林地》中有"杂树参天""繁花覆地"的描写。后者实例鲜见，但山庄之"金莲映日"却是罕见的佳例。成片的金莲花（ *Trollius chinensis Dge.* ）覆盖山坡，是华北小五台山的典型自然景观。山庄移植金莲花于如意洲广庭内，晨曦之际，于楼上俯视，含风抱露，金彩焕目，观之若黄金布地，蔚为壮观。除此外，"松鹤清越"香草遍地，异花缀崖；"芳渚临流"夹岸嘉木灌丛，芳草如织，都是得自此法的山林景观。山庄在水生植

图 10 · 油松图 （孟兆祯 绘）

物配置方面也很讲究野致。"萍香沜"以野生浮萍为景，丰茸浅蔚，清香袭人。"采菱渡"因"新菱出水，带露萦烟"而得"菱花菱实满池塘，谷口风来拂棹香"的景趣。至于荷莲清香更是到处可寻。为了强化野趣，甚至连苔藓之类的地面覆盖都利用上了，如意湖有"藏岸荫林，苔阶潄水"的描写；"四面云山"所追逐的诗意达到"苔纹迷近砌，鹿迹印斜岐"的程度。

我国有巧于种植攀援植物的传统。《园冶》中提到"引蔓通津，缘飞梁而可度"，意即在有桥跨水的环境条件下，在两岸种植攀援植物，缘桥合枝交冠。这种"引蔓通津"的手法可以减少桥的人工气息而增添自然风趣。很可贵的是在山庄"文园狮子林"这组景中，尚有文字记载可寻。乾隆《题文园狮子林十六景》中之第六景为《藤架》，诗云：

藤架石桥上，中矩随曲折。
两岸植其根，延蔓相连缀。
施松彼竖上，缘木斯横列。
竖穷与横遍，颇具梵经说。
漫嫌过花时，花意岂终绝。

山庄植物种植还着眼于季相的变化，不同时令有合宜的游赏点。塞外春来晚且短，但"梨花伴月"却渲染了山间春意，由于有疏密相间的梨花陪衬，使这组辟台递升的风景建筑与植物种植结为一体，从而进入"堂虚绿野犹开，花隐重门若掩"的境界。那里"依岩架屋，曲廊上下，层阁参差。翠岭作屏，梨花万树。微风淡月时，

七七

图 11 · 避暑山庄松云峡（孟兆祯 摄 2005 年）

清景尤绝。"因此乾隆很自得地咏道："谁道边关外，春时亦有花。"夏景当是山庄延续最长的景观。清代画师苦瓜和尚有谓"夏地树常荫，水边风最凉"。山庄的"无暑清凉""延薰山馆"等建筑多取与松轩、月榭相近之式，以求"夏木阴阴盖溽暑，炎风款款导峰衔""松声风入静，花气露生香"。试看山庄水面种植，夏荷之景何多！"冷香亭""观莲所""曲水荷香""香远益清"无不以赏荷为主，但又是在不同环境中欣赏不同的意趣。嘉树轩也以夏景为主，这也是"构轩就嘉树"的例子，有"蔚然轩亦古，秀荫笼庭除"之效。这和北京北海之古柯庭、苏州留园之"古木交柯"同属一类手法。山庄作为避暑的所在，在植物种植方面有不少盼秋早来的迹象。仿泰山对松山画意的松云峡（图 11）俗称避暑沟，是山庄中秋色早来的地方。如果仔细品味一番，这也是很富于诗意的。张蟾所作《过山家》诗可解其中意：

避暑得探幽，忘言遂久留。
云深窗失曙，松合径先秋。

应该承认，松云峡的诗意是很深的。这里秋来橙红乱染，称得上是真正的"寻诗径"。山庄自有冬色，但冬景妙处还在"南山积雪"。它妙在平日借遐想，一带而过。乾隆有诗云：

芙蓉十二列峰容，最喜寒英缀古松。
此景只宜诗想象，留观直待到深冬。

七九

山庄风景之特色更体现在那些依山傍溪的山居建筑的处理。南朝宋谢灵运的《山居赋》说："古巢居穴处曰岩栖，栋宇居山曰山居，在林野曰丘园，在郊郭曰城傍，四者不同，可以理推言心也。"山庄取山居实为上乘。这是"以人为之美入天然"的中国传统山水园最宜于发挥的地方。在进入松云峡的东向谷口有一城关式建筑，实际上有如山门。城门上有"旷观"额题。这可以说是山区风景建筑的共同标题，意即栖于清旷的景致。有人描写谢灵运就山川而居称为"栖清旷"，还说："其居也，左湖右江，往渚还汀，西山背阜，东阻西倾，抱含吸吐，款跨纡萦，绵联邪亘，侧直齐平。"这也是山庄所追求的清旷境界，所谓"心远地自偏"的含义亦在此。进入松云峡以后还会给人以"喜无多屋宇，幸有碍云山"（《苦瓜和尚画语录》）的观感。山区的风景点大多在乾隆时兴建。乾隆深谙建筑结合山水的传统。他在北海琼华岛所立《塔山四面记》石碑中总结了建筑结合地形的理论："室之有高下，犹山之有曲折，水之有波澜，故水无波澜不致清，山无曲折不致灵，室无高下不致情。然室不能自为高下，故因山以构室者，其趣恒佳。"究竟用什么手法来体现这个理论呢？山居众多的风景点可以给我们以很宝贵的启示。以下就我们选测的几个风景点做初步分析。

(一) 悬谷安景——青枫绿屿

"青枫绿屿"是始建于康熙时的一组园林建筑,处于松云峡北山东端之高处。这里是平原和山区接壤的所在,又和湖区有风景联系,因此是造景的要点。居此,南望湖区浩渺烟波,西挹西岭秀色,东借磬锤峰,具有得景和成景的优越条件(图12)。如图可知,此景所坐落的山南北矗起二峰。南峰顶安"南山积雪"亭,北峰顶置"北枕双峰"亭,"青枫绿屿"居于二亭间非等分之鞍部。于山景空处设景,似有"补壁"之功效,且有去之嫌少、添之嫌多之妙。这里所处的地形类似悬谷。悬谷属于冰川地貌之一种,在主冰川与支冰川汇合处,因主冰川的侵蚀作用大于支冰川,以致支冰川侵蚀的谷底高于前者的谷底而形成悬挂于高处的"谷"。这种地形外旷内幽,可兼得明晦之景。

"青枫绿屿"这个景题的立意也是很耐人寻味的。山庄主人羡慕"江作青罗带，山如碧玉簪"的桂林山水。此山麓半月湖萦绕，更东有武烈河蜿蜒，山立水际，有若水中之屿。如遇云岚飘渺如海，更可动"山在有无中"之情。这也是庾信"绿屿没余烟，白沙连晓月"的诗境。再者夏季的树荫，南方以梧桐和芭蕉最富有代表性，二者皆以色淡令人心爽。山庄虽无梧桐、芭蕉，但满山的平基槭（*Acer truncatum*）在夏天也是浅绿色叶，故称"北岭多枫，叶茂而美荫。其色油然，不减梧桐芭蕉也。疏窗掩映，虚凉自生。"

"青枫绿屿"虽在平原区可望，但并不可立及。游者受到佳景的引诱，须通过"旷观"取北侧山道攀登。目前从"南山积雪"南面山脊直上的路是后人抄近所取，不若原山道左塈右岩，回旋再登高远瞩，幽旷的对比感强，在完全暴露的山脊处则缺乏这种效果。从图 13 ~ 图 15 可见"青枫绿屿"的平面布局是北方宅居四

图 12 · 青枫绿屿

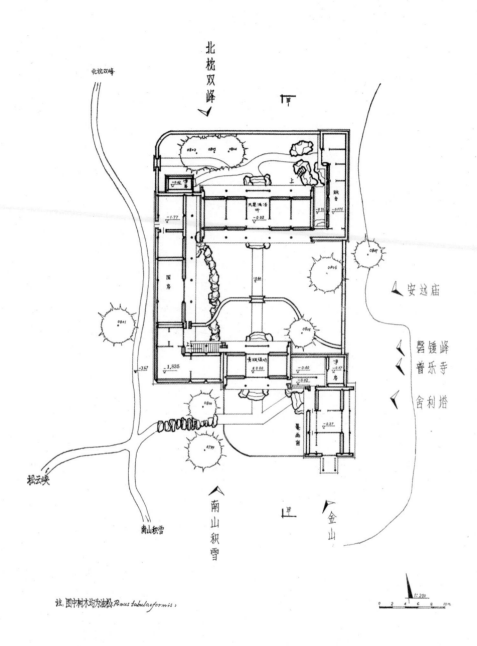

北枕双峰

北枕双峰

安远庙

锤峰
磬
普乐寺
舍利塔

松云峡

南山积雪

南山积雪

金山

註. 圖中樹木均為油松 Pinus tabulaeformis.

1 : 200

图 13 · 青枫绿屿平面图

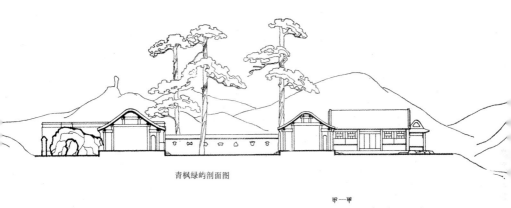

青枫绿屿剖面图

甲—甲

0 2 4 6 8 10m

南立面图

0 2 4 6 8 10m

图 14·青枫绿屿剖面图和南立面图

合院的变体，虽有轴线关系，但东西不求对称，整个建筑群因基局大小分进。头进院落不落俗套，南面、西面以篱为墙，似有"编篱种菊，因之陶令当年"的联想。恰好近处"南山积雪亭"，正合"采菊东篱下，悠然见南山"的诗意。据康熙时期绘图看，篱门南向，头进东侧有屋三楹，论其朝向，为坐东向西，此地唯东、西两面景深最大，为了得景而不惜东西晒之不利。为了弥补此点，发挥东、西朝迎旭日、夕送晚霞的借景条件，故东向命名为吟红榭，西向定名为霞标。在这种特定的游赏时间里当可避开酷暑之扰，每当破晓之初，近树远山皆成逆光的剪影，武烈河得微明而映带，加以山岚横掠，薄雾覆村，俨然入画。园林中常见之树，或凭水际，或隐花间，唯吟红榭居高临下，吟红日之初出，赏山林之赤染。西面之霞标又是欣赏夕阳西下、晚霞醉染的所在。近松苍虬成画框，西山交覆，丛林随山起伏，日虽没山，绮霞久仁，则又是一番风趣。这座硬山顶建筑的南向山墙在康熙时并无附属建筑，而从遗址看来，后来又在此山墙加了一个半壁亭，类似北海静心斋外面突出碧鲜亭的做法。这样可以招呼南面湖景，使之更有所提高。

主要建筑"风泉清听"坐落于主要院落中。此院地面并不平整，西边原地形低下，建院落时没有采取填平的办法，而是将西边低地安排为廊墙，随后又改为偏房供侍者用。南端一段爬山廊与"青枫绿屿"相接。院东远景纷呈，因此安置一段什锦窗墙以范围。这样不仅从窗窥景，而且也丰富了整个建筑群东立面的变化。此院原有园墙自"风泉清听"东面梢间至"青枫绿屿"东山墙纵隔，遗址上已改为横隔。主要建筑东接眺台，后有东西向通道通达西后门，净房设在西北角隐处。这样西面基本上是服务性的通道，中为游息路线，互不干扰。

图 15 · 青枫绿屿复原模型鸟瞰

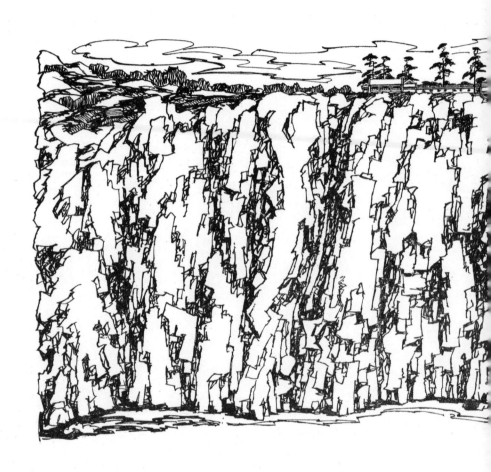

图 16 · 青枫绿屿东立面图

此景点种植简练有致。油松树丛有三处，一丛在门外迎客，一丛东向挺立，由平原仰视，造景效果特别显著。如今老松挺拔如故（图14～图16），当时盛景不难想见。另一丛则作为主要建筑的背景树。另外就是成片的枫林。康熙曾有诗一首，概括了风景的特性和托景言志之感：

> 石磴高盘处，青枫引物华。
> 闻声知树密，见景绝纷哗。
> 绿屿临窗牖，晴云趁绮霞。
> 忘言清静意，频望群生嘉。

此情此景多么符合山庄建庄的目的和表白帝王欲的心情，可谓作文切题了。

（二）山怀建轩——山近轩

如果说"青枫绿屿"是显赫地露于山表的话，那么，山近轩这组建筑则是隐藏在万山深处的山居了。无论从斗姥阁或广元宫下来，或从松云峡北进，都会很自然地产生这种感觉。特别从后者傍涧缘山而上，山径逶迤，两度跨石梁渡山涧，四周翠屏环抱，人入山怀，山林意味益深，山近轩这个景题自然因境而生。这一建筑组虽藏于山之深处，但仍和广元宫、古俱亭、翼然亭组成一个园林建筑组群的整体。后三景均成为山近轩仰借之景。反之，它又是三者俯借的对象（参见图 18）。从山近轩仰望广元宫，山耸高空，楼阁碍云（图 17）。自广元宫东俯，则于茂松隙处隐现出跌落上下的山居房舍。山近轩是在处理好环境的造景关系的同时来处理本身建筑布局的。

从图 18 可看出山近轩坐落的朝向完全取决于这片山坡地的朝向，因此并非正南北，而是偏向西南，这样也有利于承接自松云峡这条主线而来的游者。但是，山近轩在建筑布局方面也照顾到自广元宫往东南下山的视线处理。尽管主体建筑居偏，但由清娱室、养粹堂构成的建筑组也似乎构成以从西北到东南为纵深的数进院落，因此，它在总体布局方面做到了两全其美。这组建筑和斗姥阁未成直接对景的关系，因此仅以后门或旁道相通。

山近轩采用辟山为台的做法安排建筑。从复原模型的鸟瞰图上可以看出，台分三层，大小相差悬殊，自然跌落上下。这和 16 世纪的意大利台地园在手法方面极不相同。意大利的台地园以建筑为主体，开山辟台以适合建筑的安排，整个台地园有明显的轴线控制，自山脚一直贯穿到居于最高的主体建筑，整个气氛是以自然环境服从于建筑的人工美，突出建筑处理。山近轩则不然，总是千方百计地以人工美入自然，绝对不去破坏自然地形地貌的特性景观。这里原是西临深壑的自然岗坡，兴建后仍然保留了这一特殊的山容水态。通向广元宫的石桥，宁可把金刚座抬得高高地跨涧而过，也决不采取填壑垫平的办法。这样，山势照样起伏，山涧奔流一如既往，而桥本身也因适应深壑的地形构成一种朴实雄奇的性格。没有精雕细刻的石栏杆，却代以低矮简洁的实心石栏板。桥由于跨度大、底脚深的要求而形成很壮观的气质。过桥则依山势由缓到陡辟台数层（图 19 ~ 图 21）。桥头让出足够回旋的坡地，头层窄台作为"堆子房"。第二层台地是主体建筑"山近轩"坐落的所在，因此是面积最大的一块台地，由主体建筑构成主要院落。其与平地庭院的区别在于周环的建筑都不在同一高程上，门殿和清娱室都居低，主体建筑抬高两米多，簇奇廊更居于高处。再用爬山廊把这些随山势高低错落相安的建筑连贯合围，使之产生"内聚力"，而形成变化多端的山庭。庭中并用假山分隔空间，以山洞和磴道连贯上下，以"混假于真"的手法达到真假难分的水平。

就在山近轩这座庭院的南角，有楼高起。此楼底层平接庭院地面，底层之西南向外拱出一个半圆形的高台。高台地面又与二层相平接，形成很别致的山楼。这种楼阁基的处理手法也是有传统可寻的。《园冶·立基》所谓"楼阁之基，依次定在厅堂之后，何不立半山半水之间？有二层三层之说。下望上是楼，山半疑为平屋，更上一层，可穷千里目也"，正是指此。既然景题为山近轩，则除了轩居深山之中外，还要挑伸楼台以近山和远眺山色。按"近水楼台先得月"之理，近山楼台亦可先得山景，令人产生"山水唤凭栏"之感。因此，名为延山楼是很富于诗意的，这也是"山楼凭远"的一式。底层成为半封闭的石室，楼柱半嵌石壁而起，自外可沿园台口踏跺进入，另端又与簇奇廊相通，向门殿之一侧也可以设盘道攀登。台上下点植油松数株，散置山石，视线因此突破了居山深处之限制，得以远舒。整个山近轩西南面以台代墙，无需长墙相围，建筑立面也出现了起伏高下的变化。至于整个界墙，从遗址现状看只能找到如平面图（参见图 18）所示的位置。断处何接？似难判断。

山近轩建筑的主要层次反映在顺坡势而上的方向，第三层台地既陡又狭，建筑即依此基局大小而设，形成既相对独立，又从属于整体的一小组建筑。养粹堂正对延山楼山墙，其体量虽比山近轩

图 17·广元宫

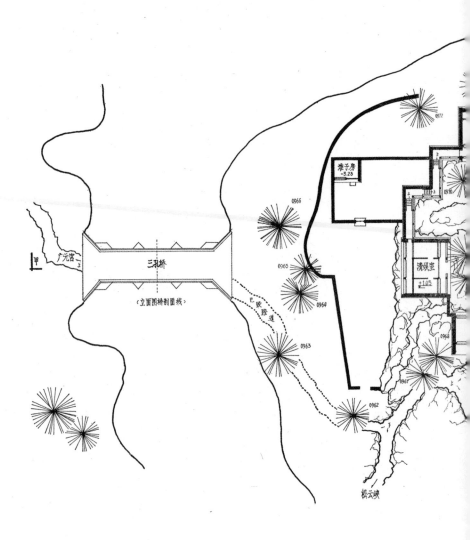

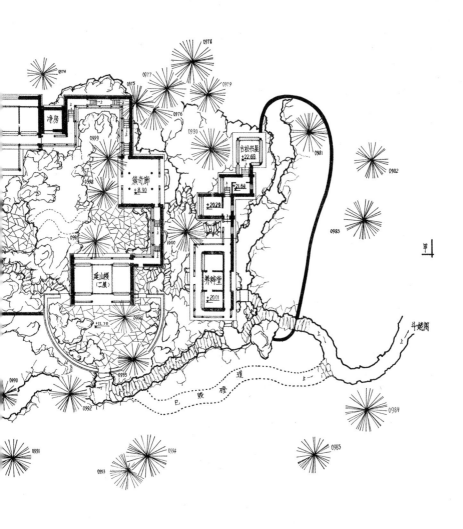

净房

0974

0999

0977

0978

0975

0976

0979

0980

镜奇廊
+8.90

古松书屋
+22.69

0982

+21.64

0998

+20.29

0981

0983

1000

养猴壑

延山楼
(二层)

+20.01

甲

0996

+11.70

斗姥阁

0995

上

道

上

0990

上

0992

巴俞磴

0984

0991

0993

0994

0985

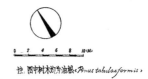

0 2 4 6 8 10(M)

注: 图中树木均为油松《Pinus tabulaeformis》

图 18 · 山近轩平面图

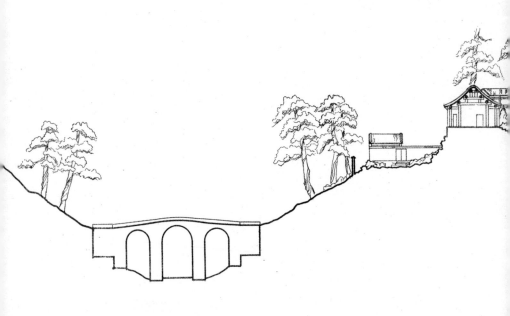

甲—甲
0 1 2 3 5 7 10 (M)

图 19 · 山近轩剖面图

0 3 5 7 8 9 10 (M)

九八

九九

图 20 · 山近轩立面图

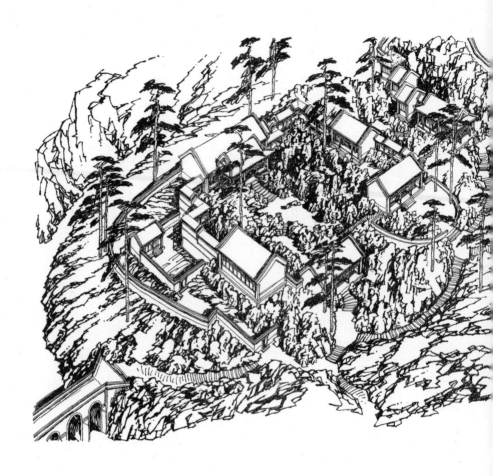

图 21 · 山近轩复原模型鸟瞰

小，但因居高而得一定的显赫地位。东北端以廊、房作曲尺形延展，直至最高处草顶的古松书屋外的围墙，水平距离不过 100 多米，地面高差却有 50 多米，就从桥面起算也有 40 多米的高差。这样悬殊的地形变化，在保持原有地貌的前提下使所有建筑都各得其所，该有多难！可是这正是"先难而后得"，出奇而制胜。

就游览路线而言，山近轩周边成略呈"之"字形延展的路线和中部砌磴道迂回贯穿相结合的方法。这样既符合山路呈"之"字形蜿蜒之理，又可以延长游览路线，特别是最上一层狭窄台地的路线处理，避进深之短，就面阔之长，几乎穷于山顶，却还有路可通。从这里保存下来的松林，其居于外围的顺自然山坡而上，居于内的循台递层而上，所安排的位置多居建筑入口、庭院角落和建筑背后。在总观感上构成浓荫蔽日的山林，在空间动态构图方面又循游览路线不时成为建筑的前景和背景。此轩落成后，乾隆便迫不及待地赶早游赏，并即兴赋诗一首：

古曰入山恐不深，无端我亦有斯心。
丙申初构已亥得，仲夏新来清晓寻。
适兴都因契以近，摛词那敢忘乎钦。
究予非彼幽居者，偶托聊为此畅襟。

这说明取名山近轩是为了表达宏大的"钦志"，既要享受山居幽趣，又怕旁人说闲话，因此再三表白，可见山近轩作为"园中之园"也很切"避暑山庄"的总题。

(三) 绝巘坐堂——碧静堂

在松云峡近西北末梢处，有一条幽深的支谷引向西南。这里分布了三个相隔甚近的风景点，虽近在咫尺，却因山径随势迂回而各自形成独立的空间，互不得见。含青斋安排的位置比较明显，坐落于支谷第二条分叉处，如沿支谷所派生的小支谷南行，便可逐步展现出碧静堂。过含青斋欲西行时，又有数株古松，迎立道旁。从种植的位置和松枝伸展的动势来看，有如引臂南伸，指引入游。进入这条小支谷后，稍经回转，便来到一个翠谷环抱、荫凉娴静的山垫中。

一般常见的山垫是两山脊夹一谷，给人以空山虚垫之感。这里的地形却是大山衍生小山，小山似离大山，形成三条山脊间夹两条山涧的奇观。这就是"巘"的景观，意即大小成两截的山，小山别于大山。从碧静堂的立面图（图22）可见这种地形的概貌。碧静堂这座小山从平面上看，由钝渐锐，曲折再三（图23）。从立面变化看，由缓渐陡，未山先麓。由于这卷别致的小山穿插于大山谷中，山涧便先分于巘末，再汇于巘梢，形成"丫"字形水体。欲登碧静堂，过跨涧之石矼便可沿蜿蜒于山脊的磴道入游。

这里自然地形固然优美，但地面破碎、零散不整，欲求一块整地面而不可得，更难把零散的建筑合围成有机的整体，可谓是不利于一般建筑的用地。唯园林建筑却不然，深知"先难而后得"的道理，把保留这里的奇特自然地貌特色作为成功的要诀，因地制宜地、运心无尽地安排每一座建筑，使建筑依附于山水。碧静堂的门殿坐落在巘之山腰，而且以亭为门，取八方重檐攒尖亭式盖立在小山脊上，用亭子作门殿的恐不多见，但在这里用得十分得体。原因是这卷小山脊背没有足够的面阔位置来坐落一般的门殿，唯有亭子作为一个"点"坐落在脊上最合适。再者，皇家门殿也要稍有气势，亭虽小而峭立山腰，亭子的高度足以屏障内部园景，增加游览的层次。在本来可一眼望穿的山径上矗立高亭，游者自下而上，视线及亭而止，但见门亭巍立，不知园深几许。门殿是动态构图的第一个特写镜头。

和门殿衔接的是一段爬山廊。此廊可三通，一条向南接蹬道引上主体建筑碧静堂，另一条向东以小石径渡涧至"松墅间楼"，第三条循廊西跌，通向"净练溪楼"。净练溪楼是以建筑结合山涧的例子，楼枕涧上，跨涧而安，山涧通流依然，楼又架空而起。《园冶》中提到"临溪越地，虚阁堪支"，这也是此法之一式。山溪不仅不成为妨碍建筑之物，反成此楼得景的凭借。雨时净练湍急，无水时也似有深意。绝巘居高之末端有较大地面，主建筑碧静堂坐落在这背峰面墅的显赫位置，可以控制全园。这里虽居极幽隐处，但游者登到此堂却可极目北望，宫墙斜飞堞雉，伏在山脊上随山拱伏，墙外逸云横渡，远山无尽，令人顿开心襟。这种口袋式的地形于近处不见内，但于园内可眺远景。位于其西南之静赏室和它的体量、造型都很相近，却起不到这个作用。静赏室和净练溪楼却上下相对成景。居于东边山涧南端的山楼，在结合山势方面也独具匠心。西面山涧既作架楼跨涧的处理，东山涧就要避免雷同而另辟蹊径，因此这座山楼取傍墅临涧之式，定名"松墅间楼"恰如其境。由于本园主体建筑体量已定，加以墅边可营建筑地面面积的限制，此楼仅有两开间。楼前与跨涧的石桥相接，楼上又以爬山廊曲通碧静堂，诚如《园冶》所阐述的道理："假如基地偏缺，邻嵌何必欲求其齐？其屋架何必拘三、五间？为进多少，半间一广，自然雅称。"

图 22 · 碧静堂立面图

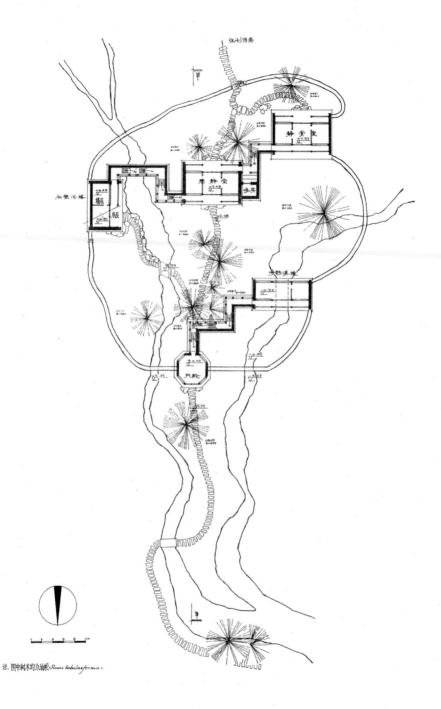

注. 图中树木均为油松(Pinus tabulaeformis)

图 23 · 碧静堂平面图

此园布局精巧、紧凑，疏密相间，主次分明。由于绝巘地形的限制，除主体建筑坐中外，其余建筑都寻地宜穿插上下左右，因此门殿并不正对碧静堂。其间又贯以曲尺形的爬山廊，形成两组与绝巘走势互为"丁"字形的行列建筑，后面还留出一块狭长的后院。这样就有了相当于三进院落的分隔，纵深虽不长，层次却不乏变化。四周围墙分段与屋之山墙相接，极尽随山就水之变化，把这两小组接近平行的行列建筑拢成一个内向的整体。围墙随山势陡起陡落，就水则于横截山涧处开过水墙洞。这些过水洞穿墙者薄，穿台者厚，六个过水洞上下曲折相贯，山居的情调就更浓了。

全园路线不算太长，却有上山、下涧、爬山廊、石桥等多种形式的变化。游览路线以碧静堂为中心形成"8"字形两个小环游路线，最南端尚有后门南通创得斋（图24、图25）。

这里的古松保存比较完整。松树主要顺绝巘之脊线左右错落交复，创造了"曲磴出松萝，阴森漏曦影。夹涧千章木，天风下高岭"的气氛。磴道尺度很小，道旁之古松参天而立，加以四周林木葱茏相映，山林本色自显。从门殿至碧静堂的五棵油松，在增添层次的深远感方面起了很重要的作用。

山近轩以近山取幽深，碧静堂因坐落在背阴山谷中而从环境色彩之"碧"、山壑之"静"得凉意，手段虽异，殊途同归。乾隆因此景成诗一首，颇能说明被这里所造成的情趣和自我表白"高瞻"之心：

+12.97 +12.69

+10.97

+7.37 +7.09

甲—甲　0 2 4 6 8 10 m

一〇八

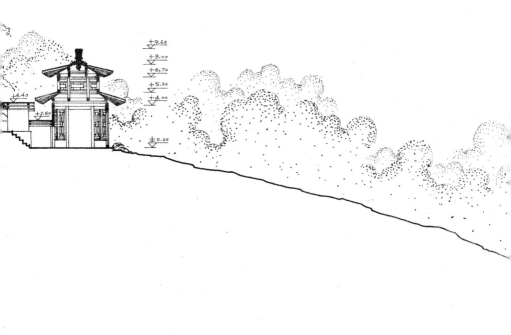

+9.60
+8.00
+6.70
+5.20
+4.00

+4.40

+2.60

±0.00

图 24 · 碧静堂剖面图

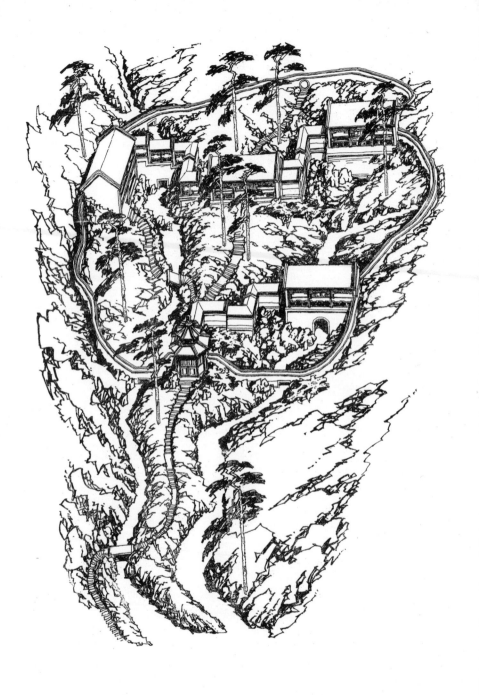

图 25 · 碧静堂复原模型鸟瞰

入峡不嫌曲，寻源遂造深。

风情活葱茜，日影贴阴森。

秀色难为喻，神机借可斟。

千林犹张王，留得小年心。

（四）沉谷架舍——玉岑精舍

若自含青斋西行则可引向"玉岑精舍"。这里的地貌景观有异于前面介绍的几个景点之处是由园外观园内为俯瞰成景。它的位置近乎松云峡所派生的这条支谷的西尽端，这条东西走向的支谷线又与北面急剧下降的小支谷线垂直交汇，交汇点亦即此园之中心。夹谷的山坡露岩嶙峋，构成山小而高、谷低且深、陡于南北、缓于东西、"矾头"屹立如攒玉的深山野壑，这便是玉岑的风貌。在这样回旋余地不大，用地被山涧分割为倒"品"字形的山地里要构置建筑物谈何容易！创作者根据这里的地形确定了"以少胜多、以小克大、借僻成幽、细理精求"的创作原则，亦即所谓"精舍岂用多，潇洒三间足"的构思。这和"室雅何须大，花香不在多"的哲理很相近。因此，于玉岑中架精舍是相地合宜、构园得体的又一范例，也构成了这个风景点的独特性格，大中见小，粗中显精。

在这个景点的遗址测绘中，我们遇到了一些困难。遗址破坏比较严重，有的还被开山洞的弃石所覆盖，难以摸清原貌。但由于被这个景点特色所吸引，负责测绘的同志不辞辛劳掘地寻址，才算基本上摸清其概貌。按清乾隆时期避暑山庄外八庙总平面图上对玉岑精舍的描绘，我们发现玉岑室的位置与遗址不符。北部山上

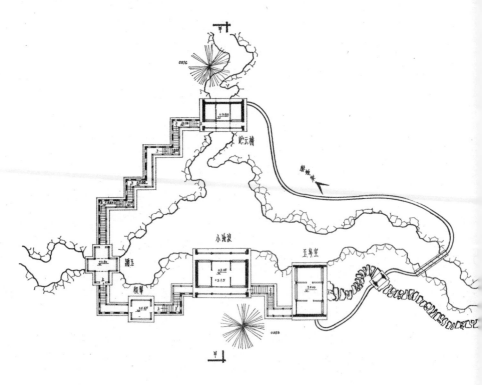

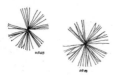

註．圖中树木均为油松〈Pinus tabulaeformis〉

图 26 · 玉岑精舍平面图

除了贮云檐和爬山廊以外，没有找到其他建筑的痕迹。我们终于在小沧浪的东侧找到玉岑室的遗址，并有短廊与小沧浪相接，也找到东、南两面围墙的基础，这才得到如图26所示的平面。经与《大清统一志》的记载核对，基本符合。即"山庄西北，溯涧流而上至山麓，攒峰疏岫如县圃积玉，精舍三楹额曰玉岑室，右匾曰贮云檐。穿云陟径有亭二，曰涌玉，曰积翠。依山梁构室曰小沧浪。"可是，积翠亭遗址一时难查清，只能循常理推测。日后弃石堆清理后，想必原迹可寻（图26）。

总共三舍二亭，安排何精！主体建筑小沧浪南向山梁，北临深涧，居中得正，形势轩昂。若论取"沧浪之水清兮可以濯吾缨"之意，则较之苏州网师园濯缨阁各有特色。后者是城市山林，这里却是于山林真境中架屋濒水，野趣倍增。小沧浪相当于"堂"的地位，南出山廊，北出水廊，东西曲廊耳贯，成为赏景的中心。玉岑室迎门而设，以山石蹬道自门引入，因此山墙面水。如自北南俯，建筑立面参差高低，围墙斜飞，山廊鱼贯，加以山景的背衬，景色十分丰富（图27、图28）。

贮云檐（图29）居高临下，体量虽小而形势显赫。若自涌玉亭上仰，高台矗云，硬山斜走，台下石洞穿流，台前玉岩交掩，飞流奔壑，屋后背山托翠，孤松挺立，俨若边城要塞。《园冶》描写山林地景色之特征："槛逗几番花信，门湾一带溪流""松寮隐僻""阶前自扫云，岭上谁锄月""千峦环翠，万壑流青"，这里完全可以体现，特别是横云掠空的景色随时可得，取名"贮云檐"可谓画龙点睛，名副其实。园林中何乏宿云、留云一类景题，颐和园和本山庄都有宿云檐，可都远不及贮云檐肖神。涌玉亭也有异曲同工之妙。这是一座坐西向东，前后出抱厦，左右接山廊的枕涧亭。

2 0 2 4 6 8 QR

一一五　　　　　　　　　　　　图 27 · 玉岑精舍立面图

图 28 · 玉岑精舍剖面图

2　0　2　4　6 公尺

图 29 · 贮云檐

自西而下的山涧穿亭下而涌出，所以叫"涌玉"；涌至山涧交汇处积水成潭，于是有"积翠"之称；积翠后才有沧浪之水。看来这里景点的布置是很有文学章法的。这里的爬山廊有两种可能性，一是层层跌落的爬山廊，二是顺坡斜飞的爬山廊。从廊的遗址看，原台阶痕迹清晰，台阶多至一连数十级，若为跌落廊，未免太琐碎。再者，前已有人作跌落廊的设想，姑且以斜走爬山廊试行复原，以供比较（图30）。

为了有一定的范围作用，这些爬山廊当是外实内虚，外侧以墙相隔，取景凿窗。内侧空廊透景，相互资借。另外，这里的廊墙配合围墙把南北两岸分隔的个体建筑合拢成为一个山院的整体。北面用墙嵌山陡降，似有长城余韵。跨山涧处，洞穿很大的过水洞，下支船形金刚座，除了通水的功能外，居然也可成景。

山近轩居万山深处之高坡，因高得爽。碧静堂因地区阴森得凉静。玉岑精舍却由于谷风所汇，山涧穿凉而得风雅。封建帝王应是至高无上、风雅自居的，但都有居此自感俗的感慨。可见此景僻静、优雅、朴野、可心了。录乾隆诗一首为证：

西北峰益秀，戍削如攒玉。

此而弗与居，山灵笑人俗。

精舍岂用多，潇洒三间足。

可以玩精神，可以供吟瞩。

岚霭态无定，风月藏有独。

长享佳者谁，应付山中鹿。

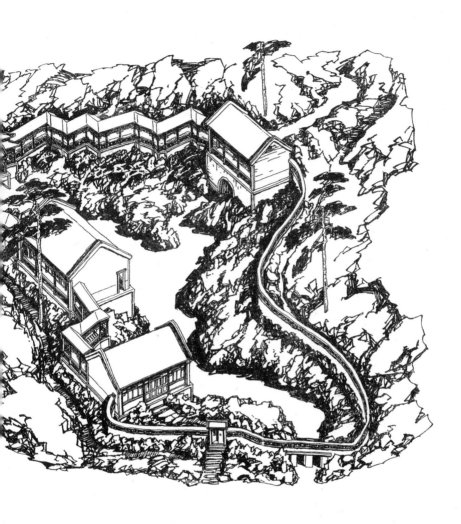

图 30 · 玉岑精舍复原模型鸟瞰

玉岑精舍在游览路线上兼备仰上、俯下的特色，不足之处在于必走回头路。若自贮云檐东，自台辟小石径陡下，再顺围墙越山涧接通南岸，则可环通，复原时应予考虑。

（五）据峰为堂——秀起堂

山庄山区的三条山谷都是西北至东南走向，唯山区之西南角，榛子峪的西端，有谷自北而南伸展，这便是西峪。榛子峪风景点的布置比较稀疏。但转入西峪后，万嶂环列，林木深郁。在这片奥妙的山林中集中布置了三组建筑和两个单体建筑。鸳云寺横陈于西向之坡地，静含太古山房于高岗建橝，与鸳云寺卜邻并与静含太古山房东西相望的便是这个园林建筑组群中最显要的建筑组——秀起堂。在这组簇集的建筑组群以北又疏点了龙王庙和"四面云山"山腰的眺远亭。秀起堂因从西峪中峰处据峰为堂，独立端严，高朗不群，环周之层峦翠岫又呈奔趋、朝揖之势，其统率附近风景点的地位便因境而立了。

秀起堂据有优美出众的山水形势，但也有不利于安排独立的园林空间的因素（图31），一条贯穿东西的山涧将用地分割为南、北两部分。另一条斜走的山涧又将北部分割为东、北两块，地形零散难合。北部山势雄伟，有足够的进深安排跌落上下的建筑，而南部这一块只是一岭起伏不大、横陈东西的丘陵地。除西端与鸳云峰有所承接和对景外，山岭纵长而南面无景可借。如何把"丫"形山涧所切割为三块的山地合为一组有章法的整体，发挥山水之形胜，并化不利条件为有利条件便成为此园布局的关键了，作者

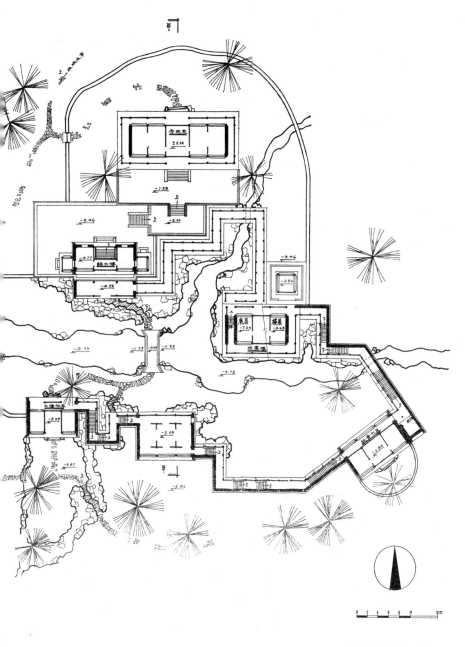

注. 图中树木均为油松〈Pinus tabulaeformis〉

图 31·秀起堂平面图

成功之处亦此。建筑之坐落因山势崇卑而分君臣、伯仲之位。北部山地面积大，朝向好，位置正，山势宏伟，峰峦高耸，自然是宜于坐落主体建筑秀起堂，筑台建堂也更加突出了"峰"孤峙挺立、出类拔萃的性格。据峰为堂以后，更增添山峰突兀之势。而南部带状山丘便居于客位，成环抱之势朝向主山，构成两山夹涧，隔水相对，阜下承上的结构。而北部山地之东段也就成为由次山过渡到主山，倚偎于主山东侧的配景山了。清代画家笪重光在《画筌》中说："主山正者客山低，主山侧者客山远。众山拱伏，主山始尊。群峰盘亘，祖峰乃厚。"画理师自造化，建筑布局又循画理，自是主景突出，次景烘托。用建筑手段顺山水之性情立间架，更加强化了山体的轮廓和增加了"三远"（高远、平远、深远）的变化。整个建筑群没有中轴对称的关系，而是以山水为两极，因高就低地经营位置。

大局既定，个体建筑便可从总轮廓中衍生。秀起堂宫门三楹因承接鹫云寺东门而设于园之西南。东出鹫云寺便有假山峭壁障立，游者必北折而入秀起堂，假山二壁交夹，其间又有蹬道沿秀起堂南东去。秀起堂宫门不仅造型朴实如便家，就其所寓意而言更加高逸不俗。这宫门取名"云牖松扉"。众所周知，门在宫殿称金阙，城市富家谓朱门，村居叫柴扉。如果以云停窗，古松掩门，那当然是世外仙境了。南部这一带山丘有两处隆起的峦头，"经畬书屋"和宫门东邻的敞厅就坐落在这两个峰峦的顶上。削峦为台后再立屋拔起，仍然是原来的山势而更夸大了高下的对比。敞厅几乎正对秀起堂，而经畬书屋居园之东南角。一方面与主山顾盼，偏对主山上的建筑；另一方面，背面又以半圆围墙自成独立的小空间。用半圆的线性处理这个园的东南角显得刚中见柔，抹角而转北，构成南部这段文章的"句号"（图32）。

位于南部的数折山廊，在山居的游廊处理中可以说达到了登峰造极的境界。开始从图面上接触时就令人叹服其变化之精妙，身临其境更理解其变化的依据和艺术加工的功力。宫门引入后，一改一般宅园左通右达之常套，径自东引出廊。廊出两间便直转急上，在仅仅 11 米的水平距离间经过四次曲尺形转折才接上敞厅。如果不是顺应地形的变化按"峰回路转"布线，是不会出奇制胜的。此廊前接敞厅前出廊，后出敞厅后出廊，这才以稍缓和的坡降分数层高攀经畲书屋。南部山廊按"嘉则收之，俗则屏之"的道理。南面设墙，面北开敞。

在跨越山涧处，回廊又从高而降。廊下设洞过水，这才抵达北部。北部的廊子多向高台边缘平展，为让山涧而曲折，构成回廊夹涧之势。两山涧汇合处，振藻楼于山凹中竖起。这里可顺山壑纵深西望，隔石桥眺远，亦是"山楼凭远"的效果。楼东北更有高台起亭，如角楼高耸。两者结合在一起，成为主景很好的陪衬（图33 ~ 图 35）。

铺垫和烘托均已就绪，主体建筑秀起堂高踞层台之上。这里除一般游览外，还常在此传膳。由于采用了背倚危岩，趁势将主题升高，其前近处又放空的手法，显得格外突出，坐堂南俯，全园在目，既是高潮，又是一"结"。堂前设台三层，正偏相嵌。堂前的绘云楼中通石级，东西山墙各接耳房。归途必顺楼前蹬道下山，越石梁南渡出园。秀起堂占地面积 3725 平方米，其中建筑平面面积为 1005 平方米（约占全园面积 27%），山林面积为 2430 平方米（约占 65%），露天铺地面积为 290 平方米（约占 0.8%）。园虽不大，章法严谨，构景得体。

一二七

图 32 · 秀起堂南岸立面图

图 33 · 秀起堂北岸立面图

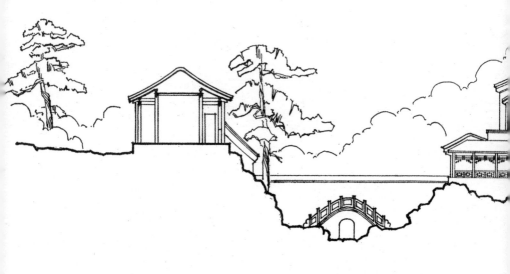

甲—甲

图 34 · 秀起堂剖面图

图 35·秀起堂复原模型鸟瞰

全园的游览路线主要安排在游廊中，这条路线明显而多变。另外也有露天石级和山石磴道相互组合成环形路线。进园时按开路"有明有晦"的理论，宫门北面本有踏跺北引渡涧。但初入园必被山廊吸引而作逆时针行，避本园进深之短，扬修岗横迤之长，出园时才知有捷径。如无明晦变化，直接渡桥北上，那又有什么趣味可寻呢？秀起堂后院西侧设旁门通眺远亭。西面过境交通则可沿西墙渡过水墙外的石梁相通。目前遗址上古松保存不多，唯山水形势基本保持，创作意图可寻。

乾隆对秀起堂也很满意，因成一诗：

> 去年西峪此探寻，山居悠然称我心。
> 构舍取幽不取广，开窗宜画复宜吟。
> 诸峰秀起标高朗，一室包涵悦静深。
> 莫讶题诗缘创得，崇情蓄久发从今。

（六）因山构室手法析要

我国的风景名胜和园林何止万千，就中也自有高下之分，可以供我们借鉴和发展的造景传统极为丰富。泰山后山坳中的尼姑庵"后石坞"、广东西樵山中之"悬岩寺"、峨嵋山麓之"伏虎寺"、洛阳之南的"风穴寺"、西湖之"西泠印社"、千山之龙泉寺乃至悬空寺等，都不乏因山构室之佳例。我们同时也可以看到在新起的园林建筑、风景建筑，特别是旅游宾馆之类的服务性建筑中，既有承传统特色而建的，也有因构室而破坏山水风景的。山顶上可以高矗起摩天大楼，湖滨可以乱立火柴盒式的高级宾馆。更有甚者，干脆把摩登的高楼大厦直接插入古朴自然的风景区或古典园林近傍，形成两败俱伤、令人痛心的局面。试看山庄山区之建筑处理，不仅不因构室而坏山，而且创造了比纯粹朴素的自然更为理想和完美的园林景观，似有必要推敲一番，就中有哪些共通的理论和手法？

1．须陈风月清音，休犯山林罪过

这是《园冶》里的一句话，概括了处理山居建筑的至理。这就是明确兴建山居的目的主要是要使人在一定的物质文明基础上重返自然的怀抱，饱领自然山水之情。建筑是解决居住、饮食、赏景和避风雨而不得不采取的手段，并不是根本的目的。把山水清音和人的志向、品格联系在一起，以情感寓于风景，再以风景来陶冶精神，这是造景的根本。舍本逐末则必犯山林罪过。岂止毁林是犯山林罪过，因建筑而破坏自然的地貌景观同样是犯山林罪过，甚至是不可弥补的山林罪过，因为这是对风景骨架的摧毁。因此，体现在手法上，必须将建筑依附于山水之中，融人为美于自然美中。就风景总体而言，建筑必须从属于包括园林风景建筑在内的山水风景的整体。绝不可将自然起伏的坡岗一律开拓为如同平地的广阔台地或填平山涧、切断水系，而是以室让山，背峰以求倚靠，跨水为通山泉。

可以看出，整个山区的风景点都是隐于几条大谷中的。除山顶有制高借远的建筑外，或傍岩，或枕溪，或跨涧，或据岗，凡所凭借以立的，非山即水。虽经建筑以后，山水起伏如故，风貌依然。

甚至可运用建筑来增加山水起伏的韵律。其结果互得益彰，相映生辉。建筑得山水而立，山水得建筑而奇。

2. 化整为零，集零为整

建筑在整体上服从山水，山水在局部照应建筑。建筑因实用功能而有面积和体量的要求。由于建筑体量过大而破坏山景的情况屡见不鲜。建筑要体现从整体上服从山水就必须化集中的个体为零散的个体，使之适应山无整地的条件，再用廊、墙把建筑个体组成建筑组。风景集中之处，再由几个建筑组构成建筑组群。在安排个体建筑时必须有宾主之分，而宾主关系又因山水宾主而宾主，因山水高下而崇卑。上述这几个风景点都共同地说明了这一点。就个体建筑而言，总是需要一块平地的。除了支架、间跨的手段以外，还须进行局部的地形改造，使之符合兴造建筑的需要，而这种局部地形整平就不会破坏山水之基本形势了。

在集零为整的手段中，廊子和墙起了很大的作用。它们能将被山水分割的分散个体建筑合围内聚，合拢成一体。有景设廊，无景或地势起伏过剧之处设墙。墙可顺接建筑之山墙，也可以围在建筑以外另成别院（如秀起堂之经畲书屋、碧静堂和秀起堂后墙等）。廊子在造景方面很重要，诚如《园冶》所示："廊者，庑出一步也，宜曲宜长则胜。古之曲廊，俱曲尺曲。今予所构曲廊，之字曲者，随形而弯，依势而曲，或蟠山腰，或穷水际，通花渡壑，蜿蜒无尽。"山庄廊子的运用，较之江南私园更为雄奇，所取多曲尺古式，个别地方也有稍变化一些的。总的风格是虽有成法但不拘其式，虽为山居野筑而又不失皇家之矩度。观之与山一体，游之成画成吟。

3. 相地构园，因境选型

山水有山水的性情，建筑有建筑的性格。山居建筑之"相地"即寻求山水环境的特征，然后以性格相近的建筑与山水配合才能使构园得体。例如两山交夹的山口狭处，势如咽喉，在这里设城堞、门楼就很能起到控制咽喉要道的作用。如松云峡口的"旷观"城楼，扼要口而得壮观。"堂"居正向阳，有堂堂高显之义。在山庄西峪"中峰特起，列岫层峦，奔趋拱极"的山势中据峰为秀起堂，二者在性格上是极为统一的。峰峦和堂一样具有高显和锋芒毕露的性格。碧静堂作为堂的一般性格也是居正踞高的。但又有立意"碧静"的特性，所以取倒坐不朝南，居深隐之处而不外露。"轩"以空敞居高而得景胜。山近轩虽居万山丛中，但也居高而视线开敞。"斋""舍"和"居"又都是一种"气藏而致敛""幽隐无哗"的性格，所以在幽谷末端多建"居"。诸如松林峪西端的"食蔗居"，松云峡支谷末端的玉岑精舍都是因境界幽隐、深邃而设的。建筑的屋盖形式、覆瓦和装修也无不具有不同的性格，硬山顶总是比较朴实的，卷棚歇山比一般歇山顶就显得柔和和自然一些。古建筑类型和屋盖并不是很多，但因地制宜地排列组合起来便有因境而异的无穷变化。总之，应按山水不同组合单元，诸如峰、峦、岭、岫、岩、壁、谷、壑、坡、岗、𪩘、坪、麓、泉、瀑、潭、溪、涧、湖等，选择以合宜的建筑，诸如亭、台、楼、阁、堂、馆、轩、斋、舍、居等，性相近而易合为同一个性的组合为园景整体。在安排个体建筑的具体位置时，首先安排"堂"一类的主体建筑，其次穿插"楼""馆"，点缀亭、榭，最后联以廊，围以墙。围墙犹如小长城，陡缓皆可随山势，尽可随意施用。

4．顺势辟路，峰回路转

园林中路的形式多样，山区有露天的石级、蹬道，也有廊、桥、栈道、石梁、步石等。游览路线的开辟必须应山势的发展，因有深壑急涧而设山近轩西北的大石桥，秀起堂浅壑窄溪则用小券拱石桥。山势一般是"未山先麓"由缓而陡的。山居无论辟台、开路也都要接受这一自然之理的制约。路折因遇岩壁，路转因峰回。山势缓则路线舒长少折，山势变化急剧则路亦"顿置宛转"，就像秀起堂的山廊走势一样。山地不论脊线或谷线，很少平直延伸的，因此山路也讲究"路宜偏径"，上述几个风景点引进的道路没有一条是正对直入的。这完全符合"山居僻其门径，村聚密其井烟"的画理。从路的平面线性和竖向线性来看，不论真山和假山都有"路类张孩戏之猫"的特征，意即路线有若孩童戏猫时，猫儿东扑西跌的状态，在图面上反映为"之"字形变化，如山近轩的游览路线和秀起堂的游览路线等。人们在名山游览时，可以观察到一些负重物登山的运输工人的登山路线是"之"字形的，为的是节省登山之力。山区造园追求真山意味，而且所圈面积有限，如果路线完全和等高线垂直则其山立穷，没有深远可言；时而与等高线正交，时而斜交，时而平行，更可以延展游览路线的长度，从而也增加了动态景观的变化。笪重光所说"一收复一放，山渐开而势转，一起又一伏，山欲动而势长""数径相通，或藏或露""地势异而成路，时为险夷"，以及山形面面观、步步移的理论都是值得心领神会而付诸实施的。

5．杂树参天，繁花成片

山林意味，一是山水，二是林木。山居若缺少林木荫盖之润饰，便不成其为山居。山林是自然形成的，但于中兴建屋宇后多少会破坏山林，必须于成屋以后加以弥补。有记载说明，即使像玉岑精舍这样小的景点，也从附近移植了不少油松。杂树包含自然混交的意思，有成片的宏观效果。山中有草木生长才有禽兽繁殖，才有百鸟声喧的幽趣。但杂树中要有大量树龄很长的古木，否则难以偕老于山。唐代王维的辋川别业遗址上至今尚保留八人合抱的古银杏。中岳书院中有著称的周柏。山庄林木破坏了不少，目前仅有古松。繁花覆地既包括草花，也包括花灌木。在山庄搞花坛绿篱一类的种植类型肯定是不得体的。山树并不乏其种植类型，所谓"霞蔚林皋，阴生洞壑""散秋色于平林，收夏云于深岫""修篁掩映于幽涧，长松倚薄于崇崖""凫飘浦口，树夹津门；石屋悬于木末，松堂开自水滨；春萝络径，野筱萦篱；寒蝥桐疏，山窗竹乱"等，都是典型山野种植类型的描绘，其中山庄也应用了不少。总之，无论山水、屋宇、路径、树木、花草、禽兽同属综合的自然环境，按"自成天然之趣，不烦人事之工"的原则，在"意"和"神"的驾驭下多方面组合成景，俾求千峦环翠，万壑流青，嵌屋于山，幽旷两全。

主要参考文献

[1] 《园冶》 明 计成 著

[2] 《御制避暑山庄诗》

[3] 《御制避暑山庄、圆明园图咏》

[4] 《避暑山庄后序》 清 乾隆

[5] 《承德建筑与西藏艺术》 [日] 关佩之 译

[6] 《中国古代园林史》 汪菊渊

[7] 《避暑山庄鸟瞰图》 陈琦

[8] 《避暑山庄山区的园林建筑》 王世仁

[9] 《避暑山庄山区建筑复原图》 王世仁

作者简介

孟兆祯（1932-2022 年），是中国著名风景园林学家和风景园林教育家、中国工程院院士，曾任北京林业大学教授、博士生导师，中国风景园林学会名誉理事长，北京市人民政府园林绿化顾问组组长，住房和城乡建设部风景园林专家委员会副主任，清华大学、北方工业大学客座教授。

作为中国现代造园学科培养的第一代学人，孟兆祯先生始终以继承和发扬中国传统园林为己任，在中国风景园林教学、科研和实践方面并驾齐驱，均取得了杰出成就。而他一直将教学工作视为自己的首要任务，曾说："一生北京林大，一心风景园林"。孟先生将中国园林理论研究、设计实践与教学相结合，先后开设"园林艺术""园林设计""园林工程"和"《园冶》例释"等课程，形成了具有中国特色的风景园林规划与设计教学体系，并指导学生四次获得国际风景园林师联合会（IFLA）主办的国际大学生风景园林设计竞赛大奖；科研方面，先后主持多项重要课题，主持完成的"避暑山庄园林艺术理法赞"获林业部科技成果二等奖，代表性专著《园衍》获中国风景园林学会科技进步一等奖，创造性地提出"以借景为中心的中国风景园林设计理法序列"，将中国园林造园理法进行了全面的总结和升华；设计实践方面，他将中国传统园林设计思想与生态保护和人居环境建设有机结合，先后主持数十项规划设计项目，留下了深圳仙湖植物园、北京奥林匹克森林公园"林泉奥梦"假山组景和扬州园冶园等经典作品。

他奋斗的一生为中国风景园林事业的发展做出了不可磨灭的贡献。

后记

避暑山庄已是一位具有 280 岁高龄的山水老人了，在历经兴衰后又得以享振兴之福，真是值得庆贺。我仅以从山庄学到的心得体会聊成此书，略表后辈敬仰之心。我并愿以此求教于各位专家和广大读者，诚望得到指正和教益。

在我们从事本书的写作过程中，曾蒙承德市文物事业管理局大力支持。在绘制测绘图纸时，得到金承藻先生和金柏苓同志在建筑方面的指导。成文过程中，宫晓滨同志代绘山区风景点模型鸟瞰图；在遗址测绘工作中，北京林学院（今北京林业大学）学生夏成钢、贾建中、苏怡和广州市园林局进修生沈虹、董迎也都付出了不少心力，在此一并致以诚挚的感谢。

孟兆祯

1983 年 5 月 9 日于北京

附

《避暑山庄园林艺术》成书付梓前后的拾遗钩沉

值本书成稿四十周年之际，中国建筑工业出版社决定盛装再版，既是对已逝作者的飨告，也可让后学们重新审视这部写作于改革开放初期，虽非鸿篇巨制但内容精湛、干货满满的风景园林艺术理论著作，作为作者的后人深表敬意与感谢。

不确定 20 世纪五六十年代先父曾否去过承德一睹避暑山庄的容姿，但至迟 1977 年春，他带领工农兵学员千里迢迢从昆明来北方开展毕业实习活动时，特意在承德逗留了一段时间。其间，他用自家的苏联产佐尔基旁轴 135 相机拍摄了大量黑白反转片，在京冲洗并制作成幻灯片，以便日后用于教学。记得他从承德回来后异常兴奋，感到发现了一个中国传统皇家建筑和园林群的秘藏宝库，冥冥之中产生了一种使命感。兴奋之余，他特意用一台掌上幻灯查看器在当时还在清华大学建筑学院任职的邻居黄金锜先生家里做了一次充满激情的演示和宣介。如意湖、小金山、烟雨楼、外八庙、磬锤峰……，意酣处说者眉飞色舞、如癫似狂，听者全神贯注、陶醉若呆。这本是一场家庭间茶余饭后的交往活动，却对黄金锜先生触动很深，令他对中国古典园林艺术以及园林与建筑之间相辅共生的关系刮目相看，更促成他几年后在北京林业大学回迁京城办学后，决然从清华大学调入北京林业大学园林系建筑教研室，与先父携手园林教育、相互成就的一段佳话。

这之后先父每带学生实习必选承德。时间最长、最深入的一次应该是 1981 年初春，带领园林规划设计专业 78 级几位学生在避暑山庄选择三处遗址开展实地考察、测绘、制作复原模型并进行理法分析的教学指导活动，作为毕业实习课题。正是在这次深入避暑山庄实地展开调研考察的过程中，他对避暑山庄园林艺术的认识得到了从感性的惊叹折服到理性分析解剖的升华，开始尝试用《园冶》等著作中的中国传统园林艺术理论对避暑山庄进行全面而彻底的剖析。

当年的办学条件十分艰苦，在先父前后几次带学生在承德实习和调研考察期间，得到当时在承德市规划局任职的北京林业大学老校友孔宪良先生在食宿以及与当地各部门协调沟通等方面的大力协助。通过孔宪良先生，先父得知，1983 年夏季，为纪念避暑山庄建园 280 周年，将在承德举办一次规模宏大的学术研讨会，先父决定携近几年对避暑山庄园林艺术的研究成果参会，向各界专家做一次汇报。

1983 年 8 月 22 日，"纪念避暑山庄建园 280 周年国际学术研讨会"在避暑山庄烟雨楼举行。该研讨会共汇集了 40 多篇有关避暑山庄以及外八庙的学术论文，其中先父题为"避暑山庄园林艺术理法赞"一文被推选为大会发言之一。先父感到十分荣幸，因为其他与会学术报告均来自古建、文保、宗教和清史等领域的专家，这也是自改革开放以来中国园林艺术首次作为一门独立学科走上国内大型综合学术交流活动的舞台。为此，先父做了大量丰富而充实的准备工作。一方面对自己的学术报告字斟句酌精心经营，另一方面尽量做到图文并茂，突出园林艺术的视觉感染力和展示效果。虽然当时还没有PPT等多媒体演示软件，但他还是不听旁人劝阻，决意把两年前指导学生制作的碧静堂、秀起堂和山近轩三个遗址模型从北京搬运到承德会场。此外，他还特意委托刚从黑龙江建设兵团回城不久、当时作为教辅人员在园林系美术教研组任职的宫晓滨老师绘制了多幅避暑山庄及外八庙的鸟瞰图和效果图，并制作成展板带到会上展示。宫晓滨老师作为助手之一也随先父一起参加了这次难得的盛大学术活动。记得暑假里的那天晚上，我在园林系所在的北京林业大学专业楼前迎接他们凯旋归来，宫老师从车上跳下来边搬运展板和模型边兴奋地对我说："孟先生的学术报告太精彩了，研讨会现场简直是轰动了！老先生们都说从来没听过这么生动、具有高度学术价值的研究报告。我虽然是个外行，都被深深打动了。"

而这一切似乎都在先父的意料之中。对他来说，最大的收获和价值在于他所钟爱并立志献出毕生精力的中国园林艺术在改革开放的春风中第一次走出校门，走向社会，走上学术神坛。同时，他得以借此机会在会上结识了古建专家罗哲文，清史学家、文物专家、故宫博物院研究员朱家溍等众多老一辈学术大师并得到他们的认可。从此，他得以有更多机会参加社会上各种学术咨询和评审活动，又陆续受到红学家周汝昌先生和北京大学教授、中国科学院学部委员（院士）、历史地理学家侯仁之先生等诸多前辈的教诲和提携，使中国园林艺术的学术地位得到社会广泛认知和提高。这也为他日后被遴选为北京市人民政府园林绿化顾问组组长奠定了基础。就连他的授业恩师孙晓翔先生在一次共同参加的社会咨询活动回来后都曾打趣地说："才知道白头发多也能占便宜呀，今天会上大家都管老孟叫'孟老'，而叫我'孙先生'"。那时先父才五十出头，被人称为"孟老"确实只能自己偷着乐。

在众多老专家中能与先父真正成为忘年交的是朱家溍先生，缘由是他们除了学术方面的交流外，还有一个毕生的共同爱好——京剧。朱家溍先生是京城乃至全国著名的京剧票友和专家，早年间曾受武生泰斗杨小楼的亲传，并对梅派声腔艺术有高深的研究和造诣，是梨园行内所谓"见过真佛"的爷。他在先父的伴奏下清唱几段后大呼相见恨晚，两人不免私下多了很多交往。20世纪80年代初的一天，先父告诉我朱先生要带他进故宫参观当时还未对外开放的宁德宫倦勤斋戏台，我也有幸相伴前往。那是一个初秋的傍晚，我们父子按约定时间提前来到故宫北门等候，不久见到朱先生推着一辆老旧自行车从里面走出来。他个子虽不算高大，但明显能让人感觉到身子骨很结实，气场浑厚，让我联想到形容关云长的"面如重枣"。他和我们打过招呼后，用眼神与门卫交流一下后就把我们带进去了。倦勤斋的戏台修建在室内，这是很独特之处，展现了清宫生活鲜为人知的一面。

那天朱先生还随手送给先父一本印刷十分精美的杂志——《紫禁城》，先父双手接过后如获至宝，回到家立即仔细翻阅。他觉得这本杂志不但装帧华美，内容也十分有水平，随即让我帮他联系编辑部订阅。我一打听，编辑部就在故宫西北角楼下与护城河之间的四合院里，离我上班的五四大街沙滩不远，就找了一天提前下班赶过去交费。在与一个编辑的交谈中得知，《紫禁城》当时是一本规格很高的季刊，由故宫博物院主办，前期编辑业务由在北京的紫禁城出版社下属编辑部负责，后期排版在深圳进行，而最后的印刷则是在香港完成的，所以才有那种在当时看起来十分惊艳的效果。

回来向先父汇报后，他随即决定委托紫禁城出版社担纲出版他的最新学术著作，即前述"纪念避暑山庄建园 280 周年国际学术研讨会"上的那篇论文经过充实修润后的书稿，这就是最终于 1985 年 4 月面世的《避暑山庄园林艺术》。

如今《紫禁城》期刊已经成长为月刊，虽然因故中断了几次，但直至谢世前先父都一直按年度订阅不辍。

抚昔思今，令人唏嘘。是为续貂，告慰先人。

孟　凡

2023 年 11 月 21 日

于京西种瓜得豆堂

附记一

《避暑山庄园林艺术》再版感言

欣闻孟兆祯先生《避暑山庄园林艺术》一书再版，真是百感交集，往事泉涌。承蒙孟凡先生信任，邀请几位当年避暑山庄课题组的同学写写当年的经历，我也就不辞而言了。

一、毕业课题论文经历

孟先生启动避暑山庄研究之际，正逢我们大学三年级的第二学期，开始选择毕业论文课题。传统园林正是我的最爱，有幸获选入组。课题组共 5 位同学：贾建中、苏怡、沈虹、董迎，我任组长。我们每人负责避暑山庄山区的一处景点研究，工作包括实地测量、绘图、模型制作，以及论文写作。我的课题为山近轩；贾建中为玉岑精舍；苏怡为青枫绿屿；沈虹为碧静堂；董迎为秀起堂。整个过程分为三个阶段。

测量考察阶段。1981 年春，孟先生带领我们进驻避暑山庄，现场测绘五个景点，按序逐个进行。当年景点场地荆棘杂树丛生，遗迹模糊不清，有些地段高差巨大，许多基址还被崩塌的山石所掩盖。测绘工作有时几乎是一寸一寸的进行，颇有披荆斩棘的意味。

过程虽然艰难，但收获巨大。工作中常常惊叹古代造园家怎么会有如此的想象力与创造性！孟先生在现场随时对环境形胜指点解读，常常使我感到醍醐灌顶、豁然开朗，也使得测绘不再是个体力劳动，而是一个观察、领会造园精髓的觉悟过程，在草木残砖间感知传统艺术的脉动。倘若没有这样的经历与体验，很难想象自己能在后来的各种变迁中依然保持对传统园林的执着与坚持。

整个野外考察由孟先生统筹设计，其间还带领我们对避暑山庄外围大环境进行了踏查，包括外庙，以及鸡冠山、天桥山、武烈河沿线等重要景物景区，当年不过是一片荒山野水。这一系列活动也使我们树立了一种大景观的思维视野。考察还包括对当地气温的测量，分人同时在火神庙、湖区、松云峡、景点测试温度，以备对比研究（图1）。

图1·孟兆祯与课题组学生在测绘现场（山庄工作人员摄）

孟先生田野考察的敏锐力给我留下了深刻印象。山近轩场地运用了大量的当地石材叠山挡土，并无史料可循。孟先生居然在市面上找到了货址与卖家，意想不到的是，孟先生用随身带的一柄铁凿，很快将一块鸡骨石雕凿得玲珑剔透，令我们赞叹不已。

图纸模型阶段。测量考察后，我们进入图纸整理绘制与模型制作。孟先生亲自指导了模型烫样，有时更是亲自动手，这也进一步加深了我们对场地结构的理解。其中古建筑复原部分，特别邀请了金柏苓先生指导。

论文写作阶段。当年并无研究方法指南，实际上，整个园林学科处在刚刚起步阶段。孟先生则是以《园冶》为理论基础，结合自己的独到见解，对各景点研究指出方向，使论文写作有路可循。

这次论文写作过程强烈影响了我的职业生涯，尽管后来工作境遇多变，但中国特色园林的方向从未改变，这不得不感激孟先生"带进门"的教育与指导。相信其他几位同学也会有所体会（图2）。

图 2 · 孟兆祯依托景点模型指导学生论文写作

二、成书过程

孟先生书稿基本框架完成于 1983 年上半年，当时我毕业留校在林业史园林史研究室，参与了编辑论文集工作，第二辑就收录了孟先生的《避暑山庄园林艺术理法赞》，同期还刊出了汪菊渊先生的《避暑山庄发展历史及其园林艺术》，同年 7 月由北京林业大学印刷厂印刷发行。

1983 年 8 月 22 日，承德市政府举行了盛大的避暑山庄学术研讨会，以纪念建庄 280 周年。相关学科近 40 位顶尖学者参加，以及日本学术代表团。园林古建与城市规划界的有：汪菊渊、侯仁之、吴良镛、孟兆祯、周维权、郑孝燮、孙大章、王世仁等先生，这是一次难得的巨星会聚，孟先生被选入大会主席团。会议在山庄烟雨楼举行，为期 6 天，各学者都作了非常严谨的学术演讲。我作为助理列席参会，这也是我经历过最具学术价值的一次盛会，大开眼界。

孟先生以"避暑山庄园林艺术理法赞"为题作主旨发言，全场听众都被他的激情演讲所吸引，烟雨楼中回荡着他洪亮的声音，现在想来历历在目。会期还展出了 5 座景点模型，这在那个年代是很稀奇的形式，也成为会议的一大热点。

值得一提是，当时承德市为振兴旅游，在棒槌峰旁山脊上建设一座大亭子，柱子已经立起，孟先生在演讲结束之际，对此分析了利害得失，有理有据，市长当场拍板叫停。

这次会议后，孟先生对演讲内容进行了修整扩充，紫禁城出版社于 1985 年 4 月出版，书名为《避暑山庄园林艺术》，社长刘北汜先生负责编辑审核，我曾去故宫协助处理了一些书稿细节。

三、学习体会

本书再版，在形式装帧上花费了大量心血，今非昔比。以个人管见对其内容略谈一些感受，有几点值得关注。

一是本书对山庄艺术研究的补阙之功。山庄以往研究热点是在湖区与外庙。因为山区景点全部无存，又湮没在乱草莽丛中，所以常常被忽略。山区占全园面积的 4/5，计有 40 余处景点，其中园中园占有一半多，对全园风格有着举足轻重的影响。这些景点分布在 5 条峡谷中，隐于山林湾崖之间，很难被发现，也就是说，当初建设与活动并没有破坏原生态，即使皇帝来游也要摈弃仪仗，回归人的本来，这无疑是中国园林艺术追求的最高境界。书中对其造园思想与规律以案例形式进行了详细分析，而这些在此之前少有人论述。

二是书中运用了一套园林研究的方法与语言逻辑。对中国传统园林的研究大致有两条路径：园林本位与建筑本位。本书研究无疑属于前者，即从环境、相地选址入手，中国古代建筑的模式化已经相当完整固定，其建设效果或为呆板僵化，或为神采灵动，其关键在于对环境生态的观察、理解与把握，以建筑适应环境，而不是相反。这种方法实际也是《园冶》思想的主线，孟先生将其融入山庄园林艺术的研究之中，进而寻求皇家园林建设的普遍规律。

三是具有强烈的实践指导意义。五处景点分析是本书亮点，可分为三类：以"旷"为主的眺望型，即青枫绿屿；"旷奥"兼具型，如山近轩与玉岑精舍；"奥如"幽深型，如碧静堂与秀起堂。这三种类型代表了山区地形地貌的典型特征，有举一反三之效。孟先生分别作出分析，其中特别将"因山筑室，其趣恒佳"提到重要的指导性地位，这对中国各地山地风景园林的建设具有现实参考价值。

此外，对皇家园林的研究还有着启示作用。清代皇家园林艺术是在明代衰败基础上的复兴，并达到历史性顶峰，其中一个重要成就即是皇家山地园，形成了自己的特色。乾隆山地园的见解源于北海琼华岛的改建，其后在香山静宜园、万寿山后山屡有实践，但都属于牛刀小试。真正大展拳脚的是避暑山庄山区，五条山谷在乾隆二十五年（1760年）后陆续开发建设，并在京城三山五园成果的基础上进一步提升，达到了炉火纯青的境界，脱离了早期对江南园林的生硬模仿。这是避暑山庄的艺术精华，标志着皇家园林全面复兴与艺术风格的形成。以这样的轨迹而看，孟先生此书有着重大的学术开拓意义。

上述这些特点反过来加深了孟先生对《园冶》的研究，为后来《园衍》一书的写作打下基础。此外，书中语言热情奔放，字里行间跳动着对中国园林一往情深的血脉。

四、未来展望

1994年12月，承德避暑山庄及其周围寺庙被联合国教科文组织列为世界文化遗产，这无疑是对孟先生当年研究定位与成果的巨大肯定。

孟先生一代人的学术研究是在极其困难的条件下进行的，这是指学术环境的困难，那时改革开放不久，相关学科十分落后。特别是基础文献严重缺失，即如乾隆御制诗文很少有人知道，而这对皇家园林的研究至关重要。原书很难找到，收藏御制诗最多的北京柏林寺也只有其中的一部分，更别提样式雷图了。好在现场的测绘与精细考察，弥补了这一不足。

作为学生，我们需要考虑的是在未来如何继承、发展孟先生一代人开拓的事业，如何将传统园林研究与实践继续下去。这也是本书再版的意义所在。

在实践方面，2008年开始，我带队在承德地区连续开展了10余项工程设计，包括武烈河、二仙居旱河、外庙景观等，方案中尽量融入山庄的研究成果，其中以2009年完成的"避暑山庄园林景观整治方案"最为重要，也使我重温往事，再寻故迹。工作期间多次请教孟先生，而他也如看待孩子般关注这片山川的未来。

在研究方面，或许是囿于我的短见，尚未看到开拓性的山庄研究论著。这或许与文献稀缺有关，尽管现在相关学科有所进展，如《故宫珍本丛刊》清代御制诗文集、《清宫热河档案》等书的出版，但对避暑山庄（包括京城三山五园）的研究来说还远远不够，国家图书馆的样式雷图档尚未全部公开，避暑山庄至今除一份兵营图外，没有发现任何样式雷图纸，这与京城园林千余张样式雷图形成强烈反差，这种情形对山庄的深入研究造成严重阻碍。

之所以提及这些，是希望后人能关注这些瓶颈问题，也想说明这些是未来研究的突破性环节。愿中华后继有人，将老一辈点燃的园林文化薪火传递下去，将中国传统园林艺术发扬光大，无愧于东方文明的代表。

作为学生与亲历者，也希望借本书的再版缅怀孟先生的言传身教，并鞭策自己发挥好余热。

夏成钢

中国园林文化与实践研究院 院长

北京市园林古建设计研究院 总顾问

2024 年 1 月 于飞赴哈萨克斯坦之际

附记二

先生教诲，终身受益——写在《避暑山庄园林艺术》再版之时

自从 1978 年考入北京林学院（现北京林业大学）园林系学习以来，我作为孟兆祯院士的学生就一直称呼他"孟先生"，这样称呼恩师会感觉亲切。孟兆祯先生是中国著名风景园林学家、教育家、理论家、造园家，当代中国风景园林学一代宗师。他为风景园林事业发展作出了卓越的历史性贡献，在世界上享有盛誉。先生从业近七十年来，著述颇丰，筑园无数；教书育人、传经授业达几十万人，他指导的学生多次获得多届世界大学生规划设计竞赛最高奖，为中国风景园林界赢得了国际荣誉，受到国内外学者的赞誉。

《避暑山庄园林艺术》是先生倾注多年心血的研究成果，具有里程碑意义，是我国第一部以园林艺术为视角，从景点复原和案例剖析入手，深入研究承德避暑山庄的园林艺术特征、理论体系与创作脉络的专著，有别于之前仅从文化、历史、建筑、民族、宗教等角度研究山庄的专家成果；第一次从园林发展脉络、清代皇家园林的建造方面研究，定位避暑山庄是中国古代兴建园林的最后一个高潮（清代康乾盛世）中的顶峰之作，高度而精准地评价了避暑山庄的历史园林地位和价值；先生的研究使避暑山庄园林艺术的传统理论能够系统化、科学化地呈现出来，致力于在继承的基础上进行发展和创

新，为我国园林设计之路指明了方向。他一贯倡导"研今必习古""无古不成今"，其核心思想是守正创新，强调只有了解并掌握中国园林艺术创作的理和法，才能随时代之演进，不断创造出既具有中国特点又符合时代要求的风景园林佳作。

能够跟随先生学习，亲耳聆听先生教诲，使我终身受益匪浅，对我后来的工作和生活也产生了极其重要的影响。在先生著作《避暑山庄园林艺术》再版之时，怎能不让我浮想联翩，回想起当年跟随先生做避暑山庄景点复原的学习和研究过程中的点点滴滴。

1981年大四上学期，我与夏成钢、苏怡、沈虹和董迎等学生有幸跟着先生做毕业论文。当时设有园林绿地设计、植物研究等10多个论文小组，唯有要求参加先生的毕业论文小组的人数最多，但名额有限，我们5个人无疑是最幸运的。

先生为山庄论文小组的学习制定了详细计划，采取了从文献查阅、案例考察、实地测绘、现场授课，到复原模型制作和论文撰写的系统培育方法。先生列出书单，要求我们在1982年4月南方实习之前，查阅、学习与避暑山庄园林相关的图书资料。当时可利用的资料很少，按照先生的要求，我专程到北京图书馆（今国家图书馆）查阅并复印了《古今图书集成》等书籍中的相关资料，记得包括烟雨楼、寄畅园、金山寺等江南园林的相关插图和文字。

南方实习期间，我们毕业班同学到杭州、上海、苏州等地实地学习考察了江南古典园林和现代城市园林建设。按照先生的要求，我们特别学习了古典园林造园案例，并尽力理解其中的造园思想和手法。由于先生没有参加当年的实习教学，所以在南方实习结束后，孟先生邀请毛培琳先生带领和指导我们5人小组继续到浙江嘉兴烟雨楼、江苏镇江金山寺、无锡寄畅园、南京瞻园等进行学习考察，感触颇深。不久，我们在无锡见到了先生，汇报了实习考察的情况，先生为我们详细讲解了这次考察的古典园林案例的造园特点，以及他们与避暑山庄的关系，大大加深了我们对江南园林的理解。

在避暑山庄实地测绘和学习期间，先生给我们全面讲解了避暑山庄的发展历史、造园思想、园林艺术特点等，带领我们仔细考察了避暑山庄的湖区和山区，以及磬锤峰等外围景点。然后，先生才拿出几张准备研究的复原景点图纸，在对其进行具体讲解后，让我们每人选择一个景点做测绘和复原研究，并说也可选择没有现成图纸的其他景点，如食蔗居、静含太古山房、玉岑精舍等。夏成钢选山近轩、苏怡选青枫绿屿、沈虹选碧静堂、董迎选秀起堂等有图纸基础的景点，只有我选择了没有现成图纸的玉岑精舍做复原研究，目的是尝试补上这个空白，得到了先生的首肯。

在避暑山庄的半个多月时间里，我们5个人既有分工又有合作，联合测绘了5个山区景点。每天，我们背着水准仪、小平板，扛着塔尺，带上皮尺、资料和干粮，到山上进行一天的测绘，乐此不疲。大家认真测量，建筑数据精确到了厘米，同时纠正了原有图纸的一些测量误差。我们发现玉岑精舍小沧浪与玉岑室之间的遗址部分被开山洞的弃石所掩埋，难以摸清原貌。为此，我们不辞辛劳，用铁锹掘地寻址，终于摸清其概貌，并纠正了乾隆时期避暑山庄外八庙总平面图对玉岑精舍描绘的误差，与《大清统一志》的记载基本符合。

当时，每天晚上有 2 个小时左右的授课和讨论时间，主要围绕白天测绘的工作进展和遇到的问题，先生讲解测绘景点的设计思想、历史典故、康熙和乾隆的景点诗词，带我们学写古诗，还时常提出一些问题让我们提前思考，并在第二天晚上与我们一起讨论。每次听先生讲解都有醍醐灌顶之感，瞬间茅塞顿开。

先生十分关心我们的生活。当时住在避暑山庄里万树园附近的 266 医院招待所，我们买了饭票在医院职工食堂用餐，条件很一般，每天吃早餐时，我们会多买几个馒头或面包、鸡蛋、咸菜等作为午餐。由于条件艰苦，师母杨赉丽先生特意制作了一瓶肉丁炸酱，让先生从北京带来承德给我们吃。每天中午，我们都盼着能品尝到炸酱，这瓶看似普通的炸酱带给我们莫大的快乐，成为我们在承德期间特别美好的回忆。

我们的毕业论文包括两个部分：景点复原模型制作和论文撰写。首先遇到的难题是模型制作，当时北京还没有专门制作风景园林模型的公司，即便有也缺经费支持。先生要求我们自己动手，学习并制作复原模型。从承德回到北京后，先生便带领我们到清华大学建筑系模型室学习建筑模型制作，当时模型室只有两位经验丰富的老师傅，对于我们的到来显得很高兴。经过一整天的学习，在两位师傅的示范指导下，我们每人用吹塑纸制作了一座古亭或硬山建筑，并通过了模型师傅的验收。当时，先生已开始研究使用泡沫塑料等材料烙制假山模型，我们有幸成为跟随先生学习烙制假山模型的第一批学生。由于玉岑精舍的地形最为复杂，我在承德时就用黄泥仿制了地形模型并拍摄照片，以备烙制假山模型时参考。在先生的精心指导下，经过两个月左右的潜心学习研究、反复修改以及加班加点地紧张制作，我完成了玉岑精舍景点复原模型的制作和毕业论文的撰写，终于得到了先生的认可。在先生的悉心教导下，我们5个人几个月的努力终有收获，在毕业论文答辩时，我们的论文得到老师们的一致好评，我们小组成为全班唯一获得全优的毕业论文小组。

在先生著作再版之际，回忆往昔，此文籍以缅怀先生遗志，激励我们沿着先生之路继续前行。

贾建中

中国风景园林学会副理事长

原住房和城乡建设部风景园林专家委员会主任

原中国城市规划设计研究院风景园林与景观研究分院院长

教授级高级工程师

附记三

《避暑山庄园林艺术》再版感言

师从孟先生做大学毕业设计已经是四十多年前的事了，因为毕业设计的课题是关于承德避暑山庄的园林艺术，我们一行五位同学，跟随孟先生住在了承德避暑山庄，对五处古建筑遗址进行了实地勘测。时间飞逝，一转眼孟先生已经离开了我们，而我们这些当年风华正茂的年轻人也都走过了人生中的重大阶段，不再年轻。虽然时间已经过去了太久，我对整个毕业设计的具体过程和细节已经记不清了。但是，孟先生当年的音容笑貌却是非常清晰地印在我的脑海之中。由于长期生活在海外，没有什么机会在中国园林方面进一步学习，早年从孟先生处学得的一些中国古典园林的皮毛也早就还给了先生。但是，从孟先生处学到的对学习和生活的态度却是终生难忘。随孟先生在避暑山庄做测绘的日子里，先生对我们的教导不只局限于园林方面，更是用自己的生活和工作经历为我们这些年轻人在人生规划上提供了重要的思考和借鉴。孟先生用他的言行，教给我们如何从古代文学艺术中汲取精华为现代服务，如何让艺术为生活服务，如何在学习中做到融会贯通。

记得一次我们在山上清理遗址时，挖到一块石头，谁都没太注意，孟先生却像是发现了宝藏，一把抱住那块石头，充满感情地告诉我们，别小看这块石头，只要加工一下，就会成为一块放在盆景里有观赏价值的石头。收工后，孟先生把石头带回了宿舍，找来工具，每天都会花些时间对着石头敲敲打打，边敲打边教给我们怎样才能让这块石头变得凸凹有致，具有观赏价值。孟先生对园林事业的激情，对生活的热爱，随时随地感染着身边的人。一次晚上孟先生讲完功课后，提议第二天早上去看日出，大家都积极响应。于是，第二天凌晨四点多钟，我们便爬起来，跟着孟先生一路小跑着去往山上看日出。随着太阳缓缓地从东方升起，听着身边孟先生充满激情的话语，我们这些即将毕业，马上要进入生活新阶段的年轻人只觉得自己的事业和生活都充满了希望，那种感觉至今想起来还会让我心怀感动。

孟先生对我们不光是在学术上指导，在生活上也是无微不至。当年避暑山庄的招待所条件非常简陋。我和另一位女同学最大的愿望就是能够找个地方洗澡。终于，我们在避暑山庄里找到了一个洗澡房。经过与管理部门交涉，同意给我们烧一次热水，让我们洗个澡。我们两个女生高兴得什么也顾不上想，抱着洗漱用品就往澡房跑。孟先生却是细心地嘱咐另几个男同学替我们守着门。

年轻时遇见孟先生这样的导师是非常幸运的。孟先生的言传身教让他的学生受益终身。现在先生虽然驾鹤西去，先生留下的著作却能帮助一代又一代的人了解中国的历史和文化，其意义之深远是不可估量的。

苏怡

2024 年 1 月 17 日　写于美国洛杉矶

附记四

避暑山庄碧静堂复原设计感言

1982 年春。我有幸加入到由孟兆祯先生所主持的、承德避暑山庄山区景点复原设计论文项目组。

承德避暑山庄是我国丰富的园林遗产之一，在平原、山区、湖区都分布了众多的各式景点。其中山区的景点，因地形复杂各异而形成了各具特色的景点景观。但因为各种原因，山区景点几乎都没有完好地保存下来。我们五位学生在孟先生的指导下，各自选了五个不同的山区景点做复原设计，我选择了地处山巅、古松参天蔽日的碧静堂复原设计。

我们从江南实习开始就着手收集资料。回校后，在孟先生的带领下开始避暑山庄山区景点遗址的测绘工作。测绘工作完成后，我们根据清式营造则例对遗址的平面、建筑、环境等进行图纸的复原设计，在此基础上，制作模型及撰写论文。整个过程孟先生都全程参与并悉心指导。从各个景点的地形地貌开始，孟先生根据古籍与实际非常详尽地讲解其利用地形地貌方面的巧妙之处和处理手法。孟先生要求我们根据原址的柱础和地基情况，再依据清式营造则例把握好建筑的开间尺度以及立面形式。

在人迹罕至的山区景点搞测绘工作，首先需要找到遗址所处的位置，还要对遗址的现状进行清理。在这个过程中，孟先生没有拘泥于学生和老师的身份，除杂草、找地基、搞测量，先生都亲力亲为，使测绘工作愉快顺利地完成。在复原设计、模型制作及论文撰写的各个环节都给予悉心指导，这也增强了我们完成毕业设计的信心。

此次毕业设计加深了我们对《园冶》的理解，进一步了解了中国造园艺术精湛的技艺。在与先生相处的日子里，他经常教育我们，搞中国园林要多了解历史、戏曲、文学、建筑和书法，以丰富园林的内涵。孟先生自己也是这样做的，他的京胡、镌刻及书法都有很高的造诣，给我们留下了深刻的印象。先生极力提倡把古人天人合一的理念与现代造园艺术乃至国家建设相结合。我们钦佩孟先生知识的渊博和睿智，以及他对继承和弘扬中国园林艺术的执着。

值本书再版，让我们缅怀孟先生为中国园林教育发展及国家生态园林建设所作出的巨大贡献。

沈虹

2024 年 1 月 12 日

附记五

从来多古意，可以赋新诗——纪念恩师孟兆祯先生

2024 年新年伊始，欣闻中国建筑工业出版社将再版孟兆祯先生的心血之作《避暑山庄园林艺术》，让我的思绪一下子回到了 1982 年。

那一年，我有幸参加了孟先生带领的园林七八级"避暑山庄选景溯初"毕业论文组。三月下旬，我们要去江南实习，孟先生特别叮嘱我们论文组的五位学生，要去考察与避暑山庄有关的江南景点：嘉兴的烟雨楼、苏州的寒山寺和镇江的金山寺，这是为我们后面的毕业设计和论文做铺垫和预备，让我们预先了解承德避暑山庄"移景江南"的历史渊源。江南实习结束后，五月，孟先生带领我们去承德避暑山庄，对山区的五个山地遗址进行勘查测绘。孟先生与我们同吃同住在条件比较简陋的招待所。白天，与我们一起带着从食堂买的馒头风餐饮露跋涉于山林荒野，指导我们对五个山地遗址点逐一进行实地挖掘测绘；晚上，还给我们进行论文辅导，讲解避暑山庄如何移景江南、相地立意、巧于因借等造园要义，使我们在学习理解前清造园工匠的造园手法理念上得到极大的提升。

我的选题与复原设计是秀起堂，这是一处以"秀""幽"见长的庞大山地建筑组群。厅堂屋舍（遗址）分布在一条山谷溪流分隔开的两面山坡上，通过长廊和跨溪拱桥、过水墙联通围合成院，建（构）

筑物已完全倒塌，只能通过挖掘台基柱础丈量尺寸，现场林木杂乱、视线阻隔，给测量带来极大的难度，男同学吃苦在前，奋力高举塔尺，大家彼此配合完成了艰难的测绘。孟先生指导我们运用清式营造则例去推算柱高和其他建筑尺度绘制复原设计图，那时是用针管笔绘制建筑图，用泡沫、吹塑纸、木糠屑（染色）制作模型，用铜丝海绵手作松树，制图、做模型、写论文可谓日夜兼程，各种艰辛和喜乐，如今记忆犹新，难以忘怀。在孟先生的指导下，我得以领悟了秀起堂"构室取幽，开窗宜画，诸峰秀起，据峰为堂"之造园精髓。多年以来，孟先生笔耕著书不辍，每获先生签赠的新著作，如蒙先生面授指教，都让我内心惭愧，唯感谢师恩！

在那段美好的日子里，孟先生身体力行，带动我们到户外去写生收集资料，特别要求我们对山区现场的松树做速写记录，为我们日后的模型制作奠定了真实、美好的基础。先生鼓励我们用铅笔、钢笔速写风物。一天清晨，我在写生时遇到孟先生，先生即为我速写的景点画面题字"芳渚临流"，让我特别感动，珍藏至今，在我后来的设计生涯中，也常常用这个意境去造景，内心满满都是先生的鼓励。

记忆停留在1982年5月的日夜里，在避暑山庄，我们五位学生得蒙孟先生极大的关爱和园林艺术的熏陶，深深感受到先生为园林事业教书育人付出了巨大心血和劳动，是我们在北京林业大学最珍贵的记忆和终身受用的学习历程。孟先生借"避暑山庄选景溯初"课题，让我们学习和扎根于前人大师的造园理念精粹中，博古通今，方能再创新园、别出新意。

时光荏苒，2019年5月，我又回到北京林业大学拜见恩师，孟先生欣然提笔赠予墨宝：从来多古意，可以赋新诗。先生今虽驾鹤西去，但先生的教诲永存我心，是指引我从事园林设计四十余年的座右铭。

无尽感念！谨以此文纪念我们永远的恩师孟兆祯先生。

董迎

2024 年 1 月 15 日于广州

图书在版编目（CIP）数据

避暑山庄园林艺术 / 孟兆祯著. — 北京：中国建筑
工业出版社, 2023.11
　　ISBN 978-7-112-29152-6

　　Ⅰ.①避… Ⅱ.①孟… Ⅲ.①承德避暑山庄—古典园
林—园林艺术—研究 Ⅳ.①TU986.2

　　中国国家版本馆CIP数据核字(2023)第173383号

责任编辑：孙书妍　杜　洁
书籍设计：7×7×7·Studio
责任校对：张　颖
校对整理：赵　菲

避暑山庄园林艺术

孟兆祯　著

*

中国建筑工业出版社出版、发行（北京海淀三里河路9号）
各地新华书店、建筑书店经销
北京中科印刷有限公司印刷

*

开本：880毫米×1230毫米　1/32　印张：5⅝　字数：132千字
2024年1月第一版　　2024年1月第一次印刷
定价：39.00元
ISBN 978-7-112-29152-6
　　（41856）